高等职业教育交通土建类专业教材

工程制图习题集

（第 2 版）

主　编　尹　平　程英杰
副主编　崔　亮　李佰玲

北京理工大学出版社
BEIJING INSTITUTE OF TECHNOLOGY PRESS

内 容 简 介

本习题集与《工程制图》教材配套使用，内容编排与工程制图教材基本一致，共有十章。其内容包括制图的基本知识、投影基础、基本体和组合体的投影、工程物体的表达方法、桥涵隧道等工程图的绘制和识读以及机械图的识读等。

本习题集结合专业特点，突出了画图和读图能力的训练，难易较适中，教师可根据需要取舍。

本习题集可作为土木工程类、交通运输类各专业及相近专业使用或参考。

图书在版编目（CIP）数据

工程制图习题集/尹平，程英杰主编．—2版．—北京：北京理工大学出版社，2022.9重印

ISBN 978－7－5640－6851－6

Ⅰ.①工…　Ⅱ.①尹…　②程…　Ⅲ.①工程制图－高等学校－习题集　Ⅳ.①TB23－44

中国版本图书馆CIP数据核字（2012）第231012号

出版发行／北京理工大学出版社有限责任公司
社　　址／北京市海淀区中关村南大街5号
邮　　编／100081
电　　话／(010)68914775(总编室)
　　　　　(010)82562903(教材售后服务热线)
　　　　　(010)68944723(其他图书服务热线)
网　　址／http：// www.bitpress.com.cn
经　　销／全国各地新华书店
印　　刷／北京紫瑞利印刷有限公司
开　　本／787毫米×1092毫米　1/16
印　　张／14
字　　数／141千字
版　　次／2022年9月第2版第4次印刷
印　　数／7501～8500册
定　　价／45.00元

责任编辑／李志敏
责任校对／周瑞红
责任印制／边心超

前　　言

本习题集是专门根据高职高专院校培养应用型人才的目标和需求，按照以应用技能培养为目的，以必需和够用为尺度，在高职院校制图教学改革实践经验的基础上编写而成。与北京理工大学出版社出版的高职高专土木工程类《工程制图》教材配套使用。

本习题集可作为高等职业技术学院、高等工程专科学校以及成人高职高专院校的土木工程类各专业的通用教材，也可供其他相近专业使用或参考。

本习题集的主要特点：

1. 为便于教学，习题集编排顺序与教材基本保持一致，题号采用双号编码，分别表示章次和该章习题的顺序号。合理安排习题难易程度。前后衔接也有适当的余量，供教师留作业时取舍。

2. 注重加强基础部分的全面练习，力求使学生能够较好地掌握工程制图的基本理论、基本知识和基本技能。所选习题类型齐全，作业形式多样，包含读图、画图、标注尺寸等题型。任课教师可根据专业特点进行取舍。

3. 本习题集全面贯彻最新的《技术制图》《建筑制图》及《机械制图》国家标准和《铁路工程制图标准》。

4. 习题集中的图形采用计算机绘制，大大提高了习题集图形的准确性和清晰度，提高了习题集的质量。

5. 本次修订根据教材的修订本作了适当的增补。

本习题集由尹平、程英杰任主编，崔亮、李佰玲任副主编。参编人员有徐仁武、金鹏涛、魏鸿儒。

由于时间仓促，限于作者的水平，书中难免仍有疏漏和不妥之处，欢迎广大读者特别是专家和任课教师提出批评意见和建议，并及时反馈给我们。

编　　者

目　录

第一章　制图的基本知识

1-1　汉字练习

图样字体必须做到字体端正笔划清楚排列整齐间隔均匀

工程制图工桥梁墩台钢筋混凝土砂浆砌片石材料构筑物

设计标高平面图支柱水泥铁路里程构件支架基础边墙坡

班级：　　姓名：　　学号：

学院班级横平竖直结构匀称填满方格比例尺长度宽厚高

台阶楼梯保护层隔热非水沟翼墙顶帽设备说明挡板承重

班级：　　　　姓名：　　　　学号：

1－2 数字、字母练习

A B C D E F G H I J K L M N O P Q R S T U V W X Y Z Ⅰ Ⅱ Ⅲ Ⅳ Ⅴ Ⅵ

1 2 3 4 5 6 7 8 9 0 1 2 3 4 5 6 7 8 9 0 1 2 3 4 5 6 7 8 9 0 1 2

a b c d e f g h i j k l m n o p q r s t u v w s y z a b c d e f

班级：　　　　姓名：　　　　学号：

1－2　数字、字母练习（续）

ABC

123

abc

班级：　　　　姓名：　　　　学号：

班级： 姓名： 学号：

1-4 线型练习（按1：1画在A4图纸上，不注尺寸）

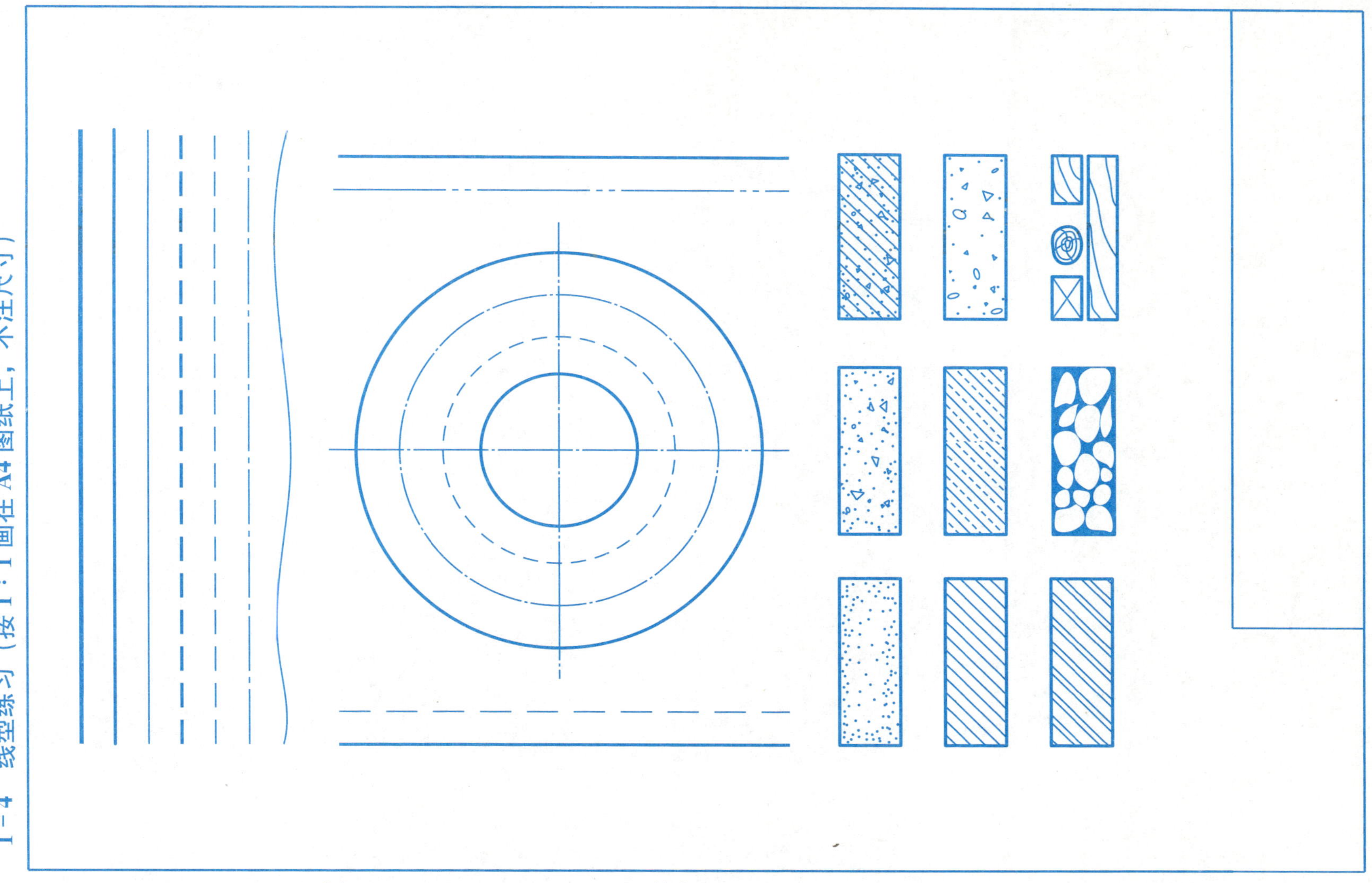

班级： 姓名： 学号：

1-5 作线段和圆的等分

1. 作台阶图形。

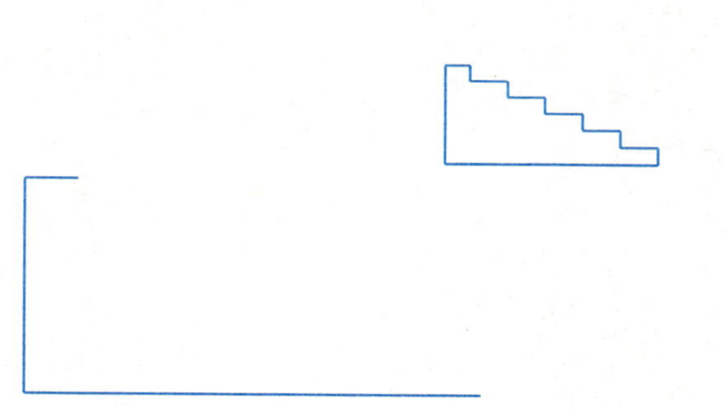

2. 在指定位置作出 1∶2.5 的坡度。

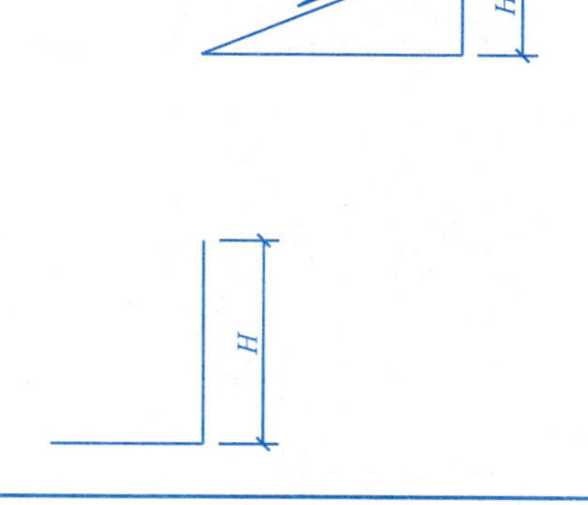

3. 作圆的内接五边形。

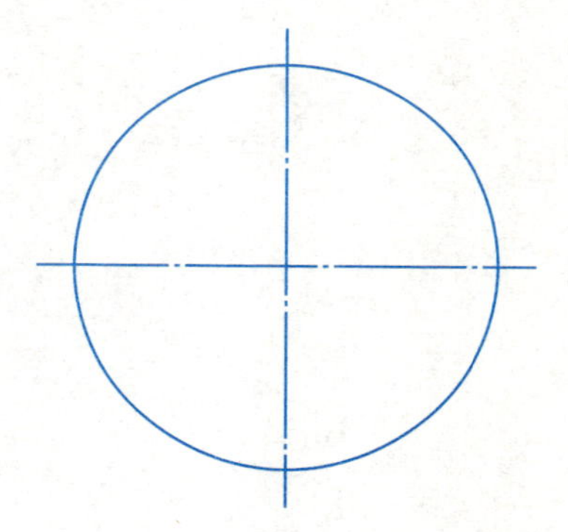

4. 作圆的内接六边形。

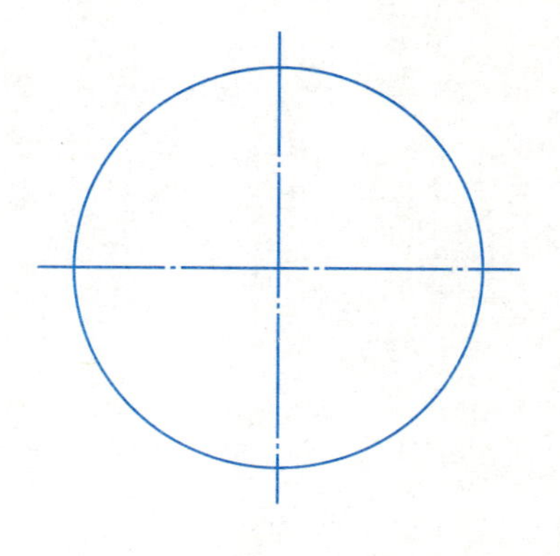

班级：　　　　姓名：　　　　学号：

1-6 按上图在指定位置画椭圆

1. 用四心扁圆法画椭圆。

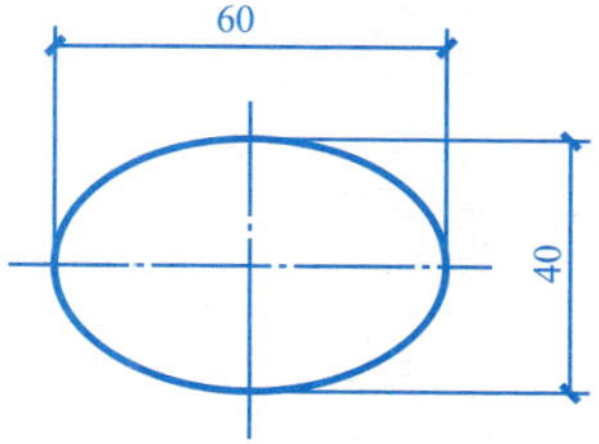

60

40

2. 参照上图，用同心圆法画椭圆（比例 2∶1）。

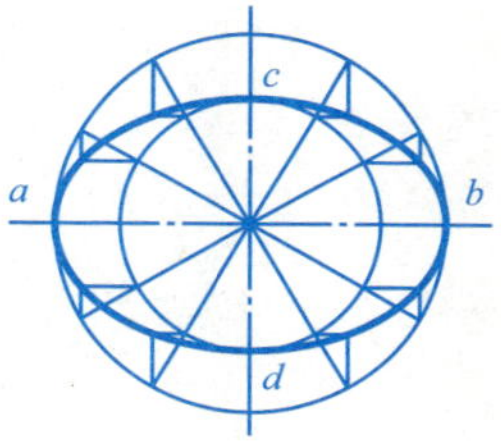

c

a

b

d

班级：　　　　　　　　　　　　姓名：　　　　　　　　　　　　学号：

1－7　圆弧连接

1.

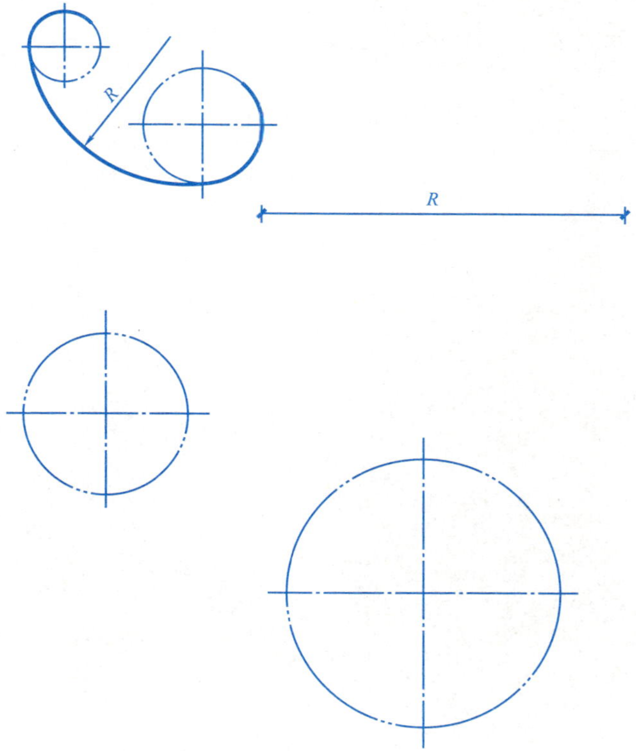

R

R

2.

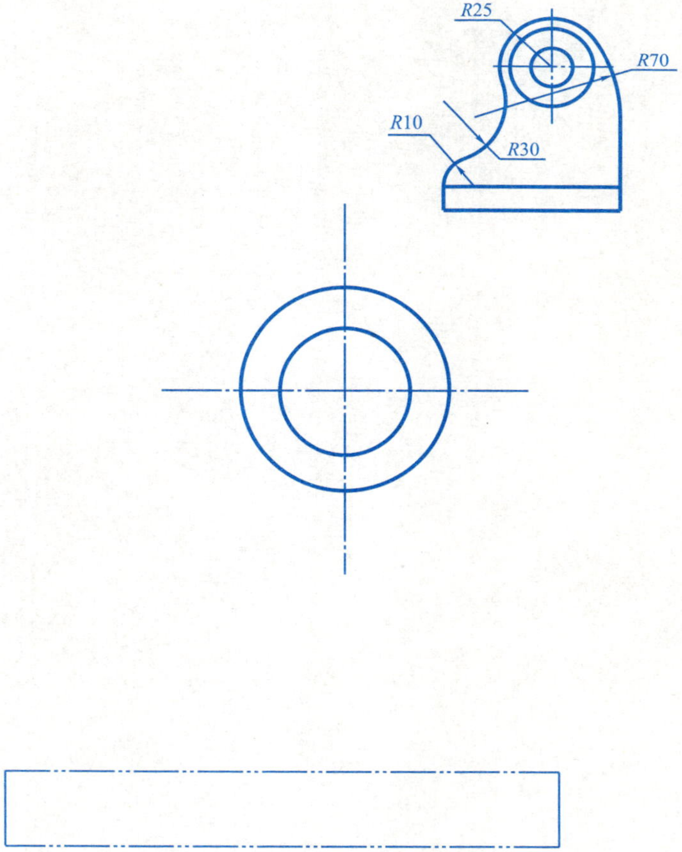

R25

R70

R10

R30

班级：　　　　姓名：　　　　学号：

1-8 平面图形画法（按1:1作图，标注实际尺寸，图幅自定）

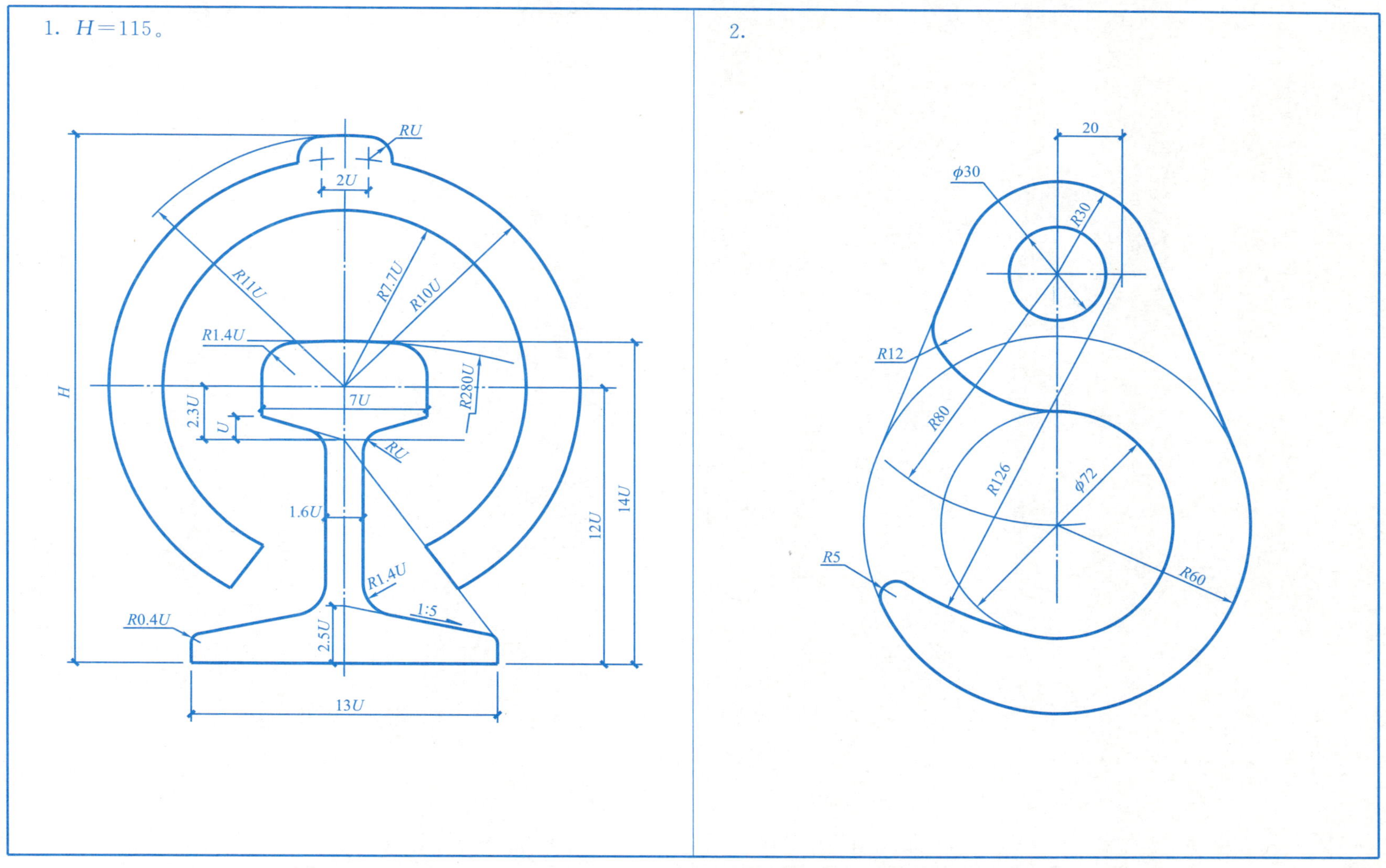

班级：　　　　　　　　姓名：　　　　　　　　学号：

第二章　投 影 基 础

2－1　点的投影

1. 根据 A、B、C 各点的直观图，画出其投影图。

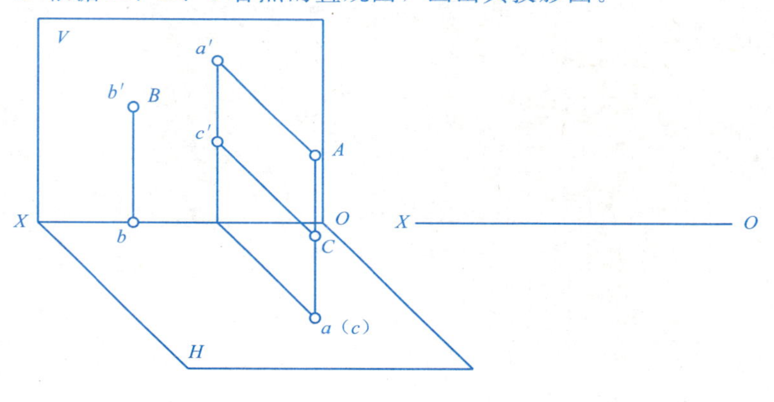

2. 根据点的投影图，画出点的直观图。

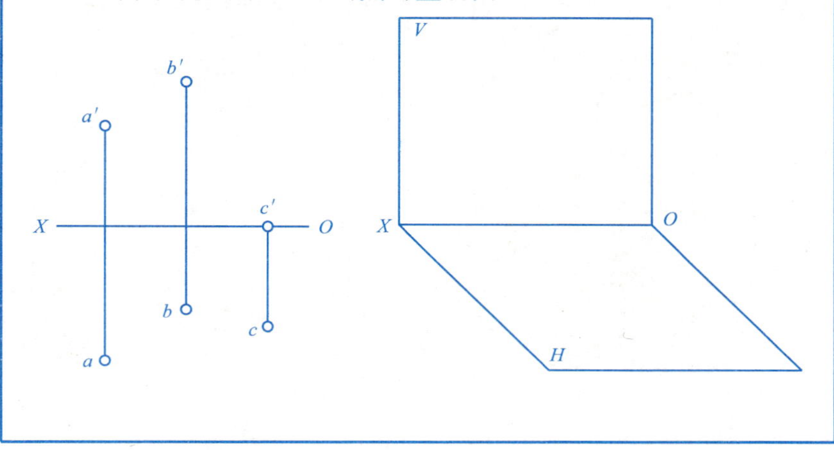

3. 根据点的直观图，画点的三面投影图。

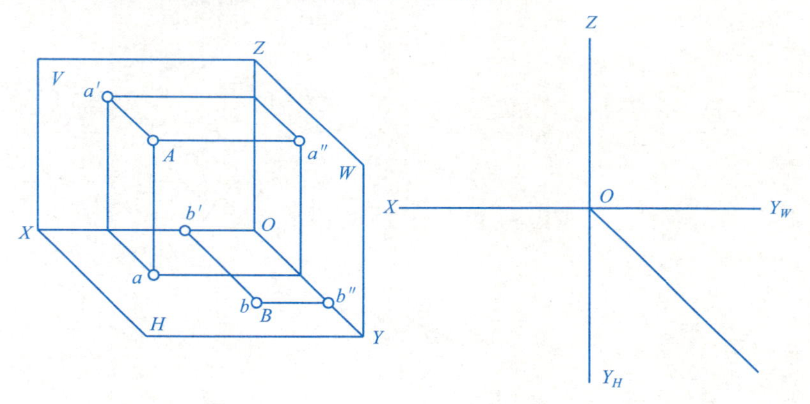

4. 根据点的两面投影，求其第三投影。

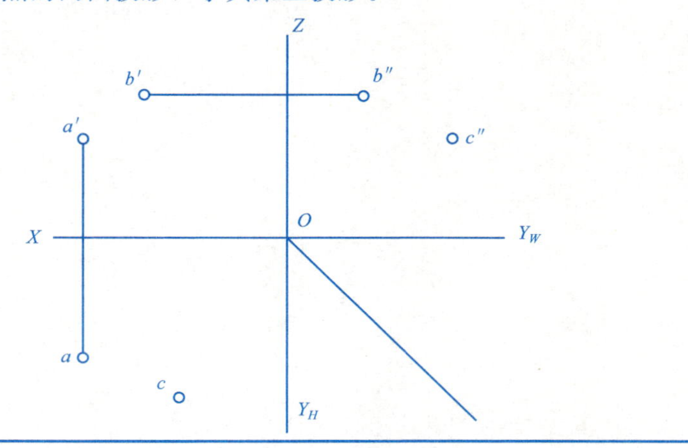

班级：　　　　姓名：　　　　学号：

5. 已知 A（30，10，25）、B（25，15，18）、C（10，20，0）三点的坐标，求作其三点的投影图，并在表格内填上各点到投影面的距离。

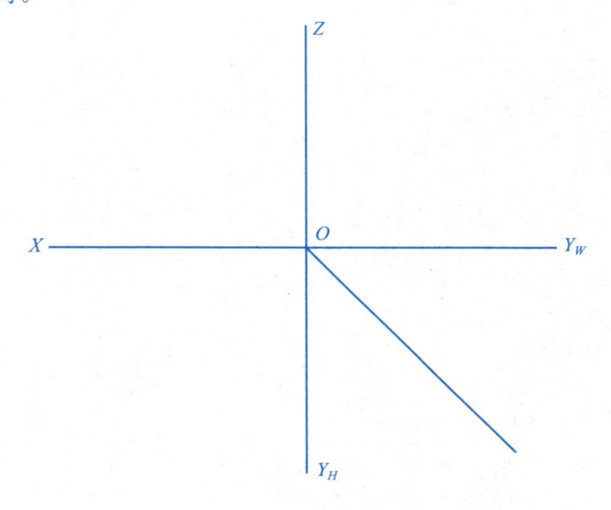

点＼距离	距 H 面	距 V 面	距 W 面
A			
B			
C			

6. 根据点的两面投影图，求其第三投影。

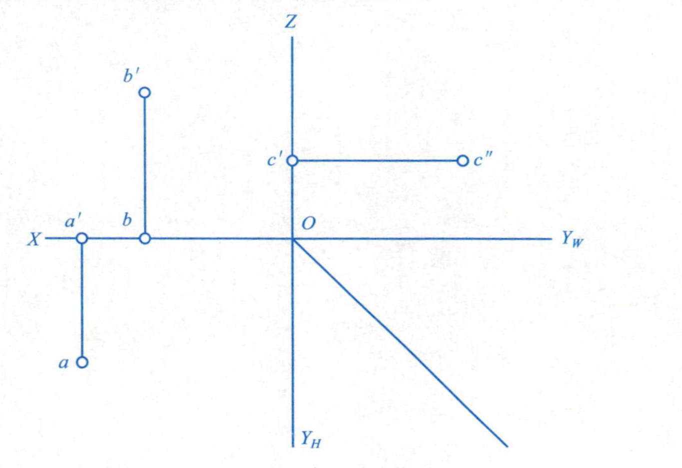

7. 已知 A、B 两点相距 20 mm，求 B 点投影。

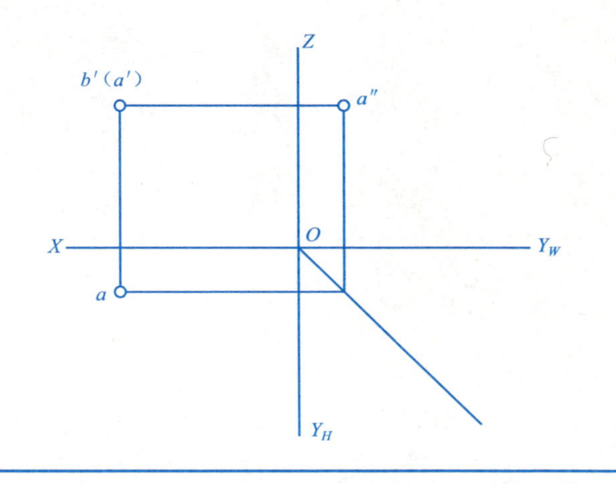

班级：　　　　姓名：　　　　学号：

8. 求 A、B 两点的投影，并判断 A、B 两点的相对位置。已知点 A（20，10，25），B 点距 H 面 10 mm，距 V 面 0 mm，距 W 面 30 mm。

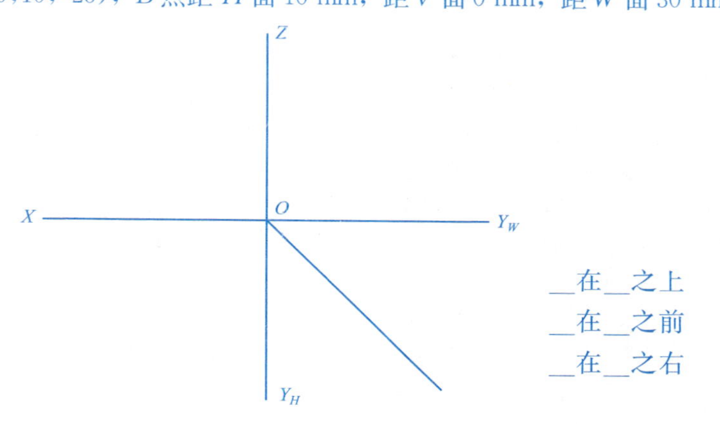

__在__之上

__在__之前

__在__之右

10. 在投影图上标出 A、B、C 三点的投影。

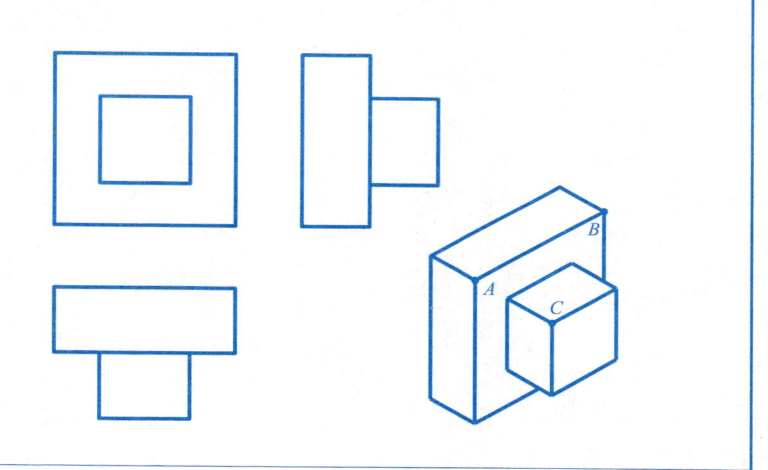

9. 已知点 B（10，15，20），点 A 位于 B 点正上方 5 mm，C 点在 B 点正左方 10 mm，求 A、C 两点的三面投影。

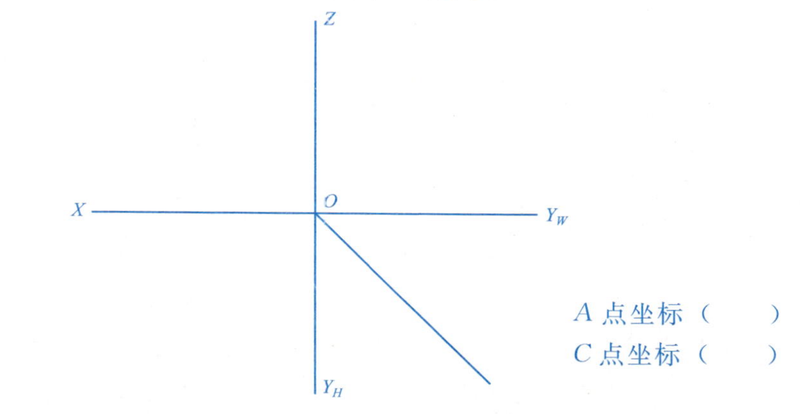

A 点坐标（　　）

C 点坐标（　　）

11. 根据点 M、N、P 的投影图，在立体直观图上标出点 M、N、P 的位置。

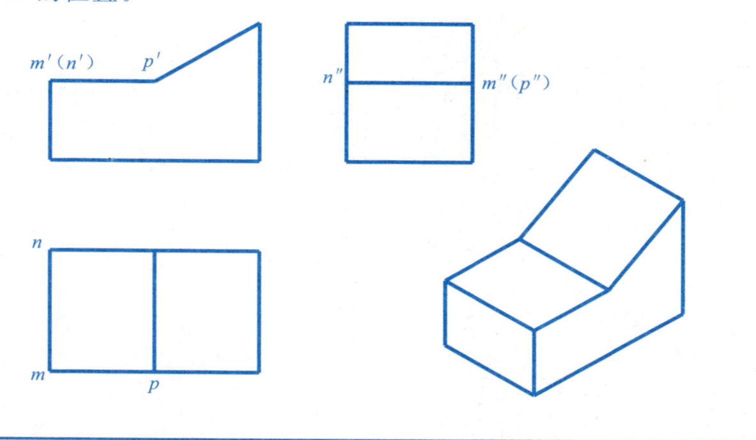

班级：　　　　　　姓名：　　　　　　学号：

2-2 直线的投影

1. 根据给出的直观图，画出直线的三面投影图。

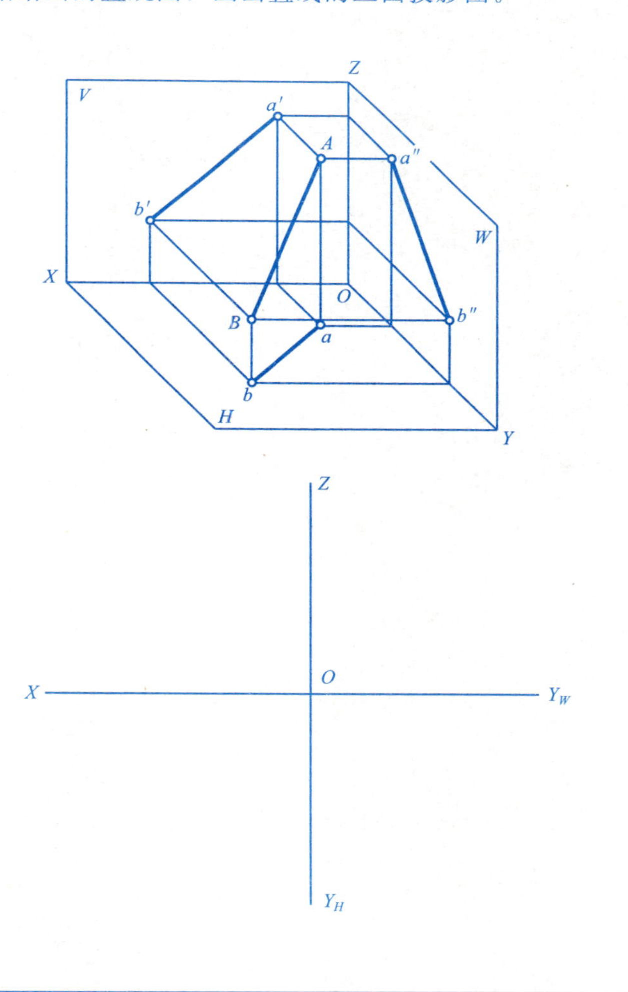

2. 已知直线两端点坐标 *A*（10，15，20）、*B*（25，10，0），作出直线的三面投影。

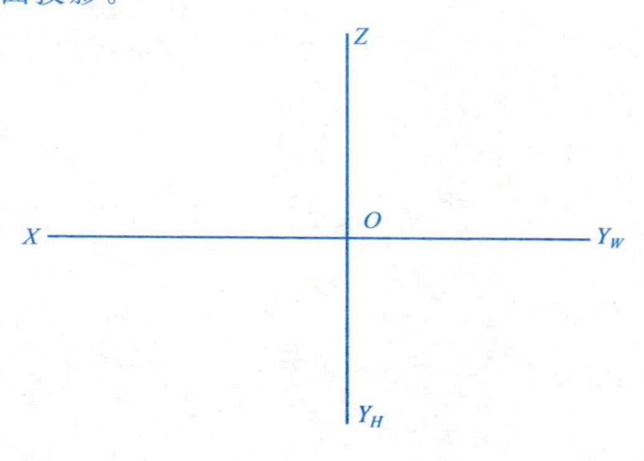

3. 求出三棱锥的侧面投影，并判断各棱线对投影面的相对位置。

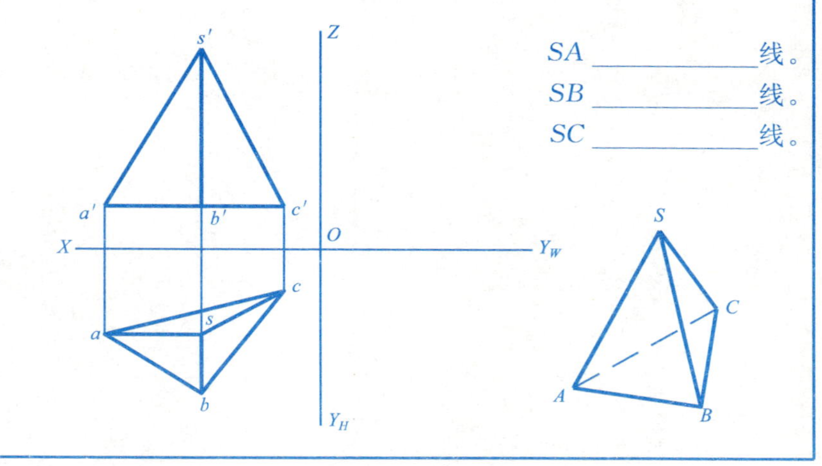

SA ____________线。

SB ____________线。

SC ____________线。

班级： 姓名： 学号：

2-2　直线的投影（续）

4. 作出直线的第三投影，并判定其相对位置。

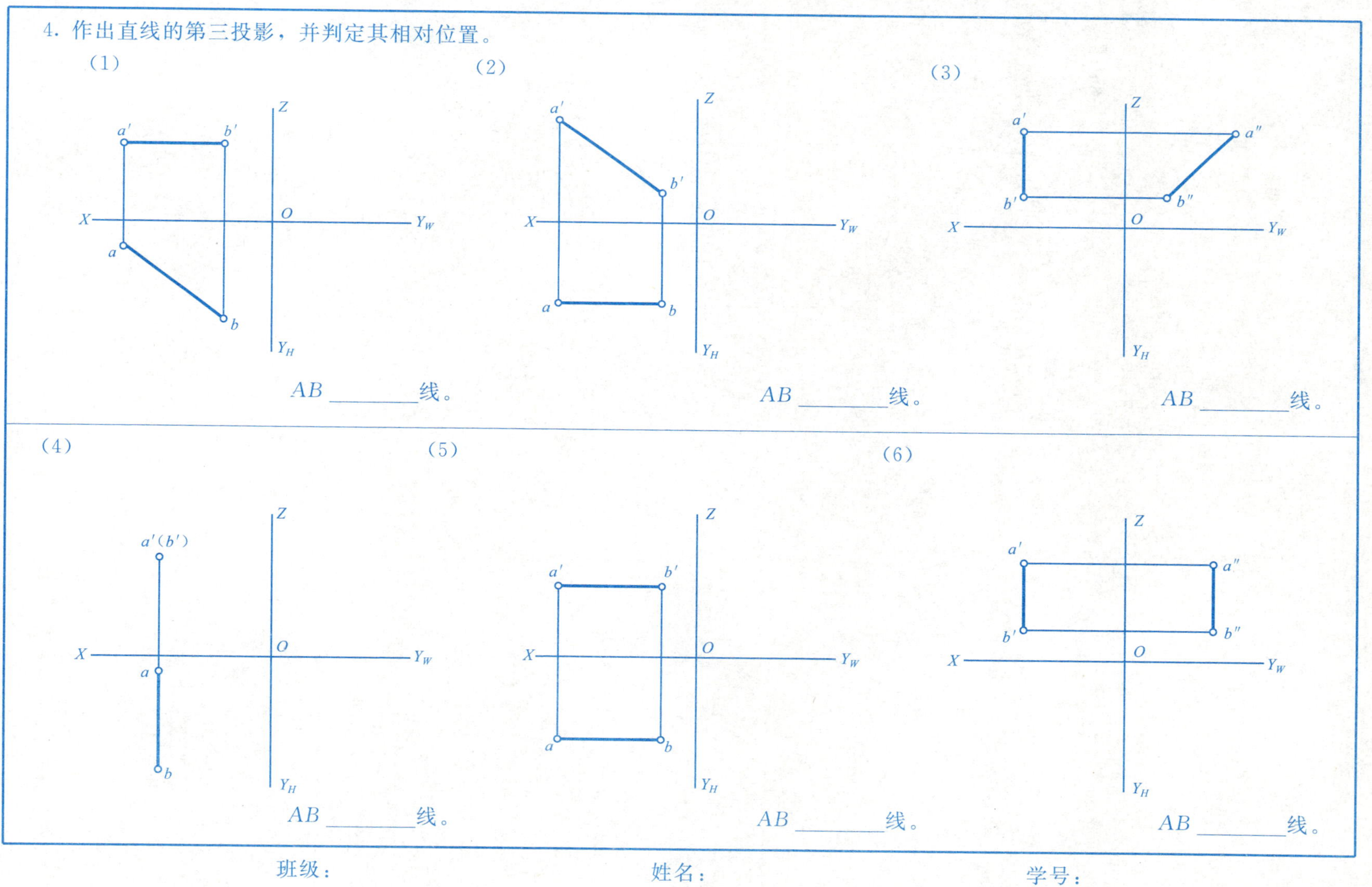

班级：　　　　　　　　姓名：　　　　　　　　学号：

5. 已知 AB 为水平线，实长 20 mm，和 V 面倾角 $\beta=30°$，求作 AB 的三面投影。有几个解？

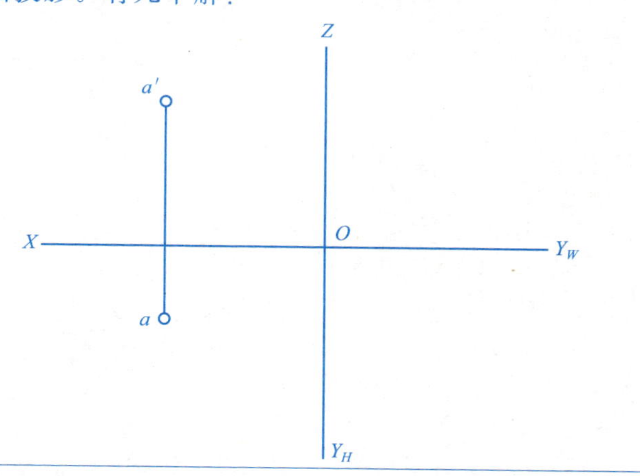

7. 已知 AB 为正平线，距 V 面 15 mm，实长 30 mm，和 H 面倾角 $\alpha=30°$，求作 AB 的两面投影。

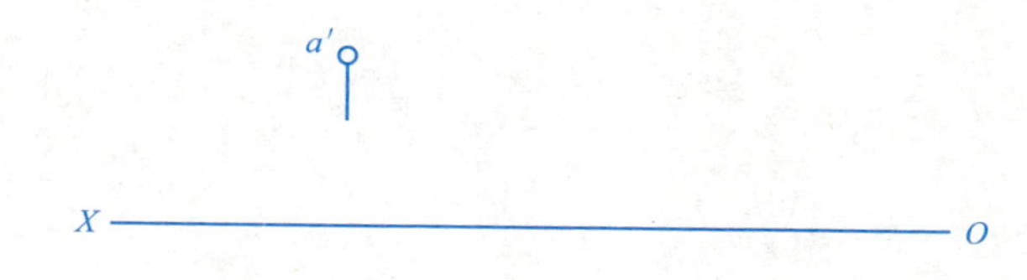

6. 已知 AB 为侧平线，实长 20 mm，和 H 面倾角为 $\alpha=30°$求作 AB 的三面投影。

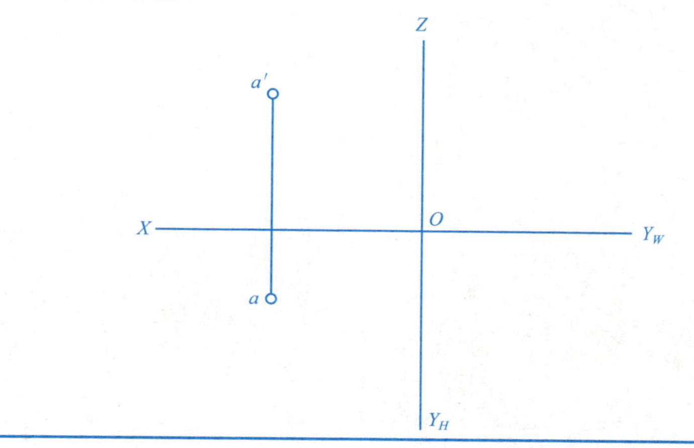

8. 已知 C 点在直线 AB 上，$AC:CB=1:3$，求 C 点的投影。

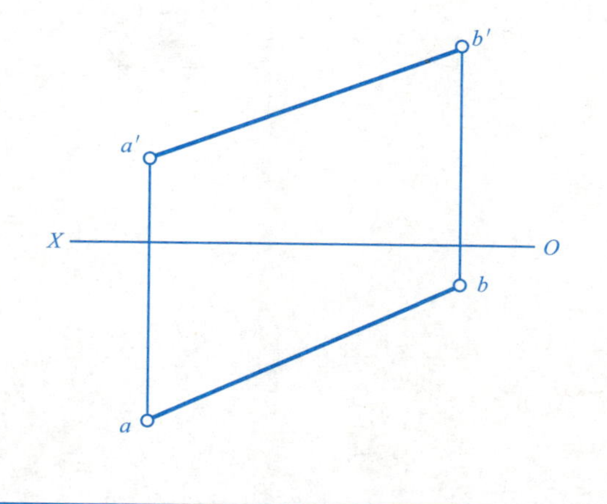

班级：　　　　姓名：　　　　学号：

9. 已知 C 点在直线 AB 上，由 c' 求 c。

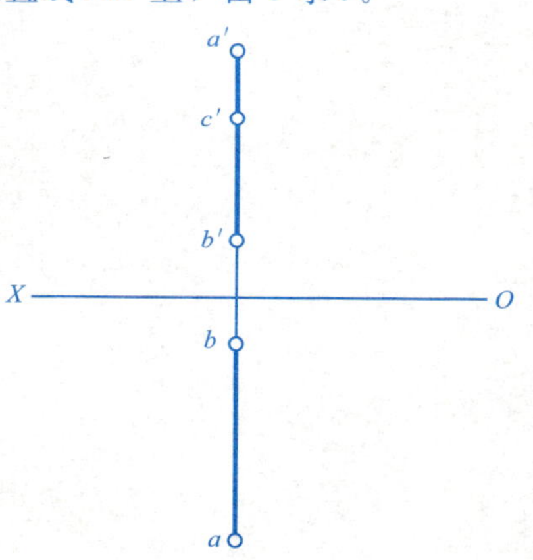

11. 用直角三角形法求直线 AB 的实长及对 V 面的倾角 β。

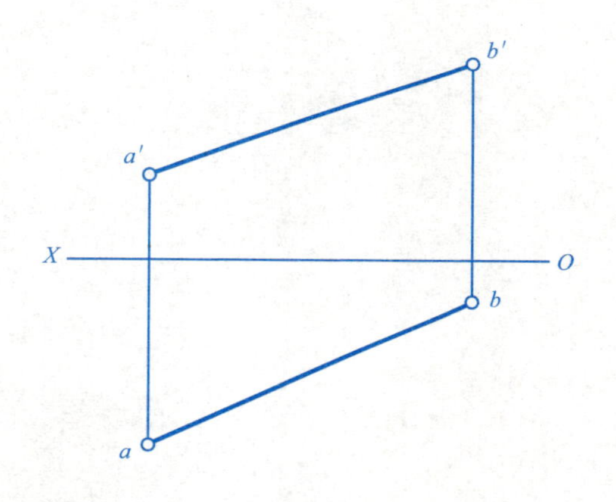

10. 已知 C 点在直线 AB 上，$AC=25$ mm，求 C 点投影。

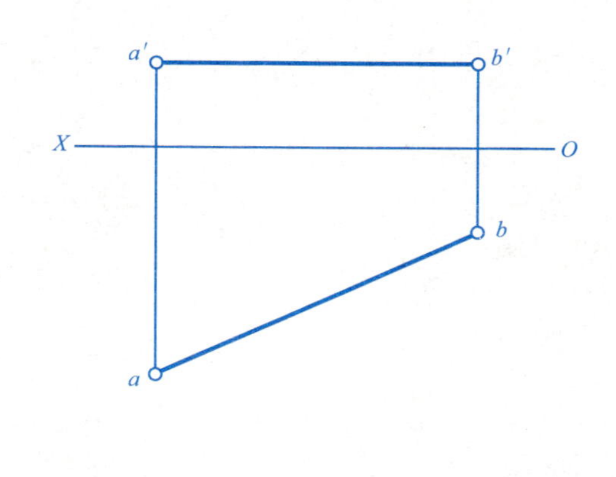

12. 已知直线 AB 的实长为 L，用直角三角形法求 AB 的水平投影 ab。

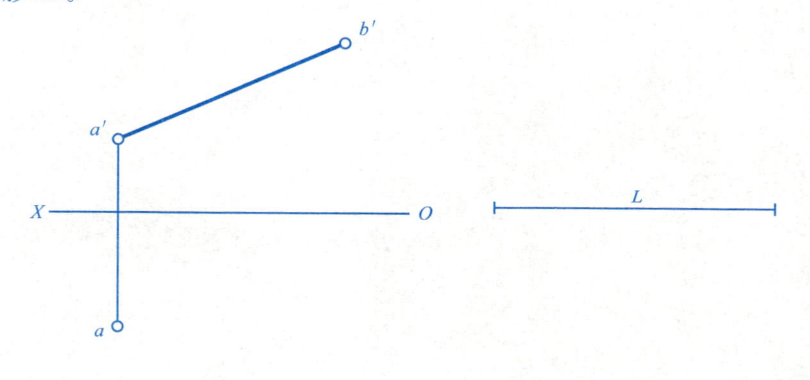

班级： 姓名： 学号：

13. 在直线 AB 上确定一点 K，使 $AK=20$ mm。

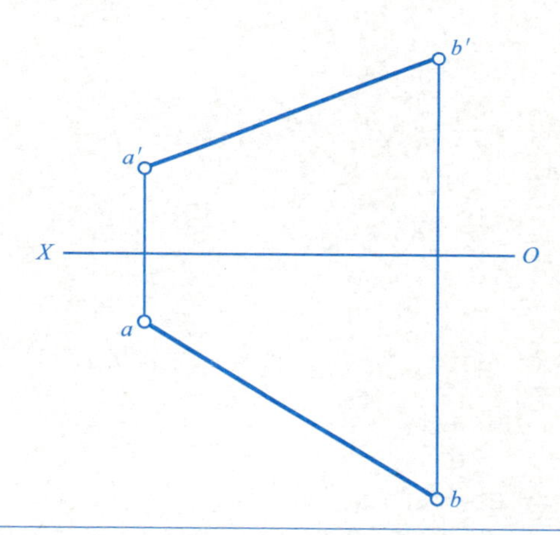

14. 已知 AB 的倾角 $\alpha=30°$，求 $a'b'$。

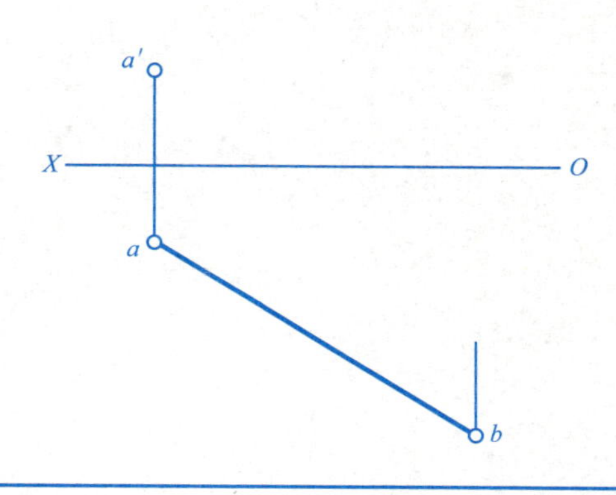

15. 求四边形 $ABCD$ 的实形。

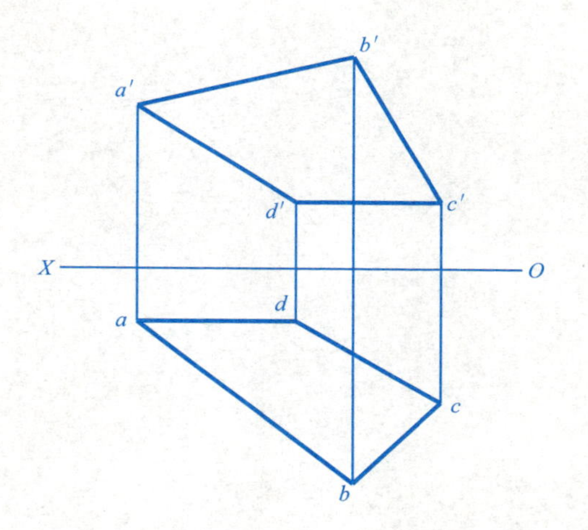

班级：　　　　姓名：　　　　学号：

2－2　直线的投影（续）

16. 判断两直线的相对位置。

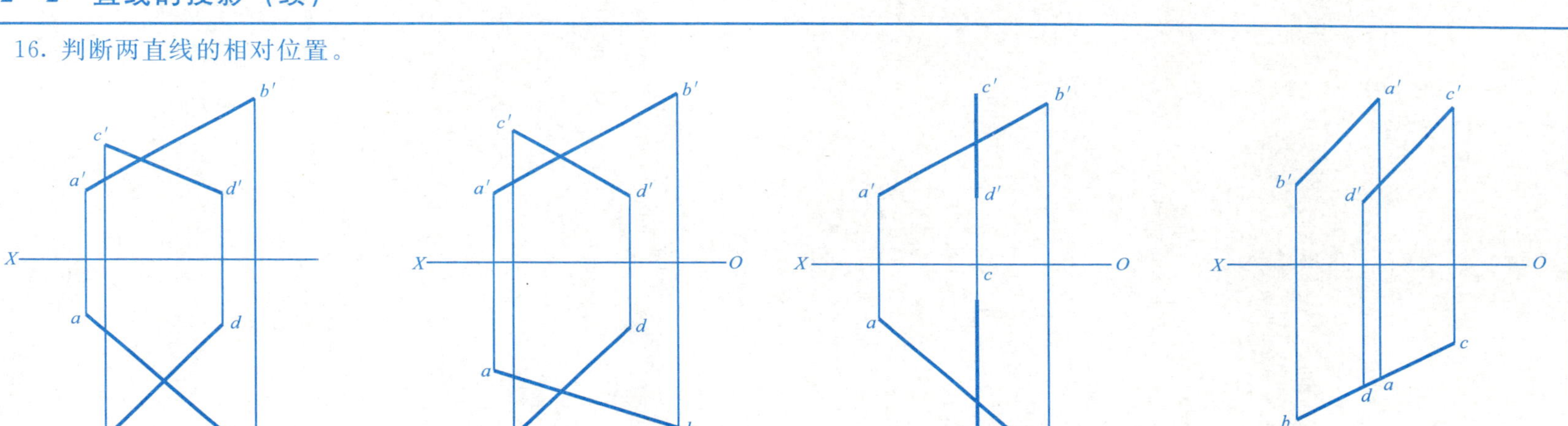

17. 过点 C 作直线 $CD // AB$。

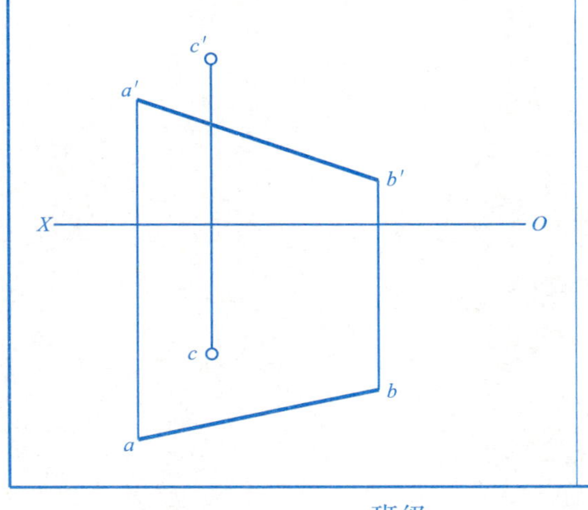

18. 判别交叉两直线重影点的可见性。

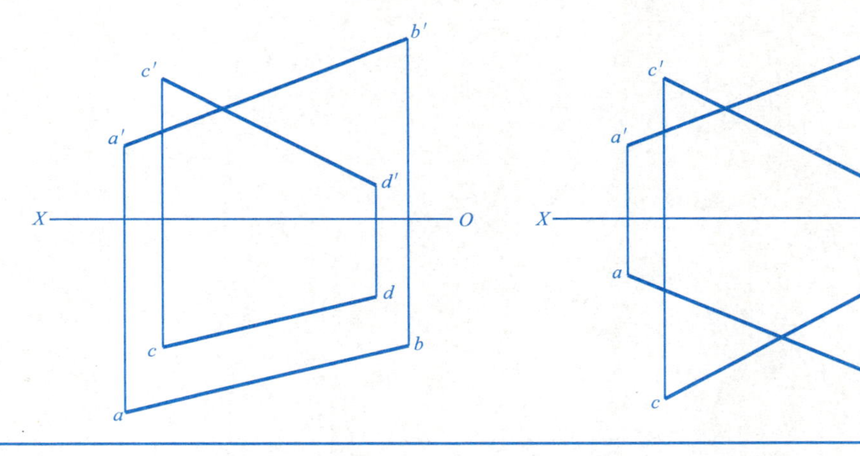

班级：　　　　　　　　姓名：　　　　　　　　学号：

19. 过 A 点作水平线与 CD 相交。

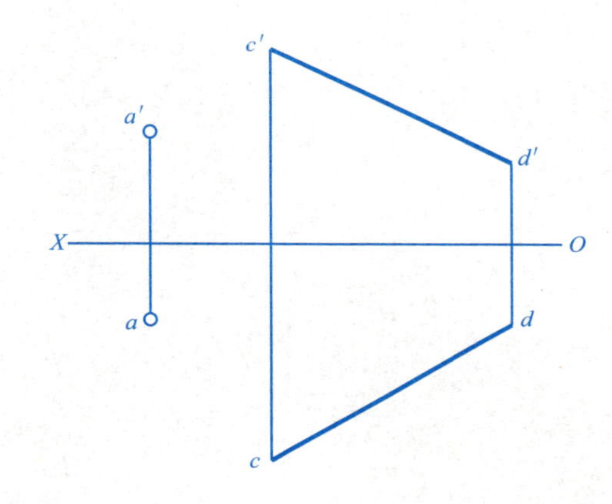

20. 过 E 点作直线与 AB、CD 都相交。

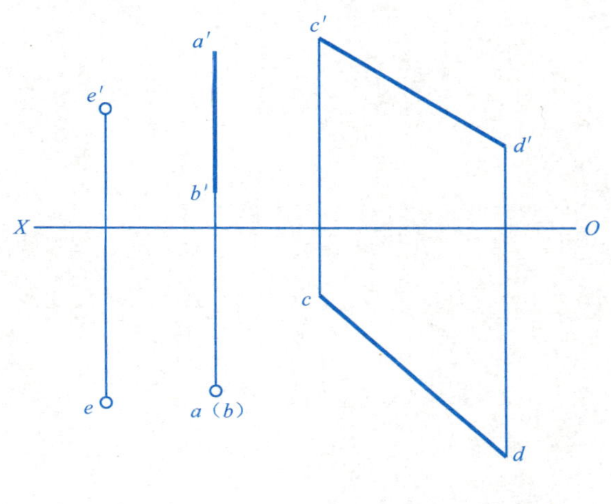

21. 求 E 点到直线 AB 的距离。

(1)

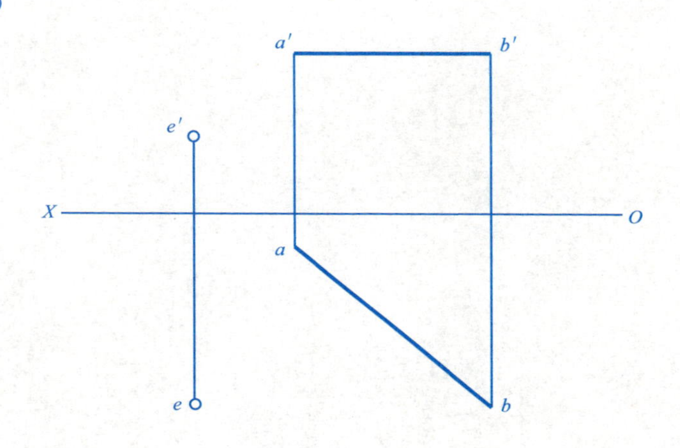

(2)

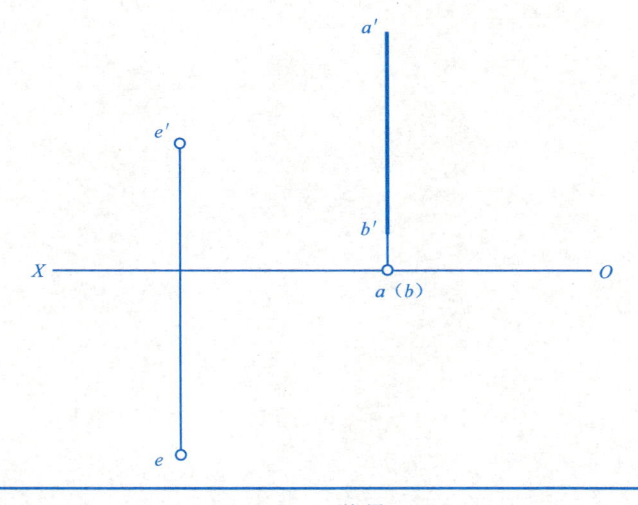

班级： 姓名： 学号：

22. 求两平行线间的距离。

23. AB、CD两平行线间的距离为L，求$c'd'$。

24. 已知正方形$ABCD$的C点在BE线上，完成其两面的投影。

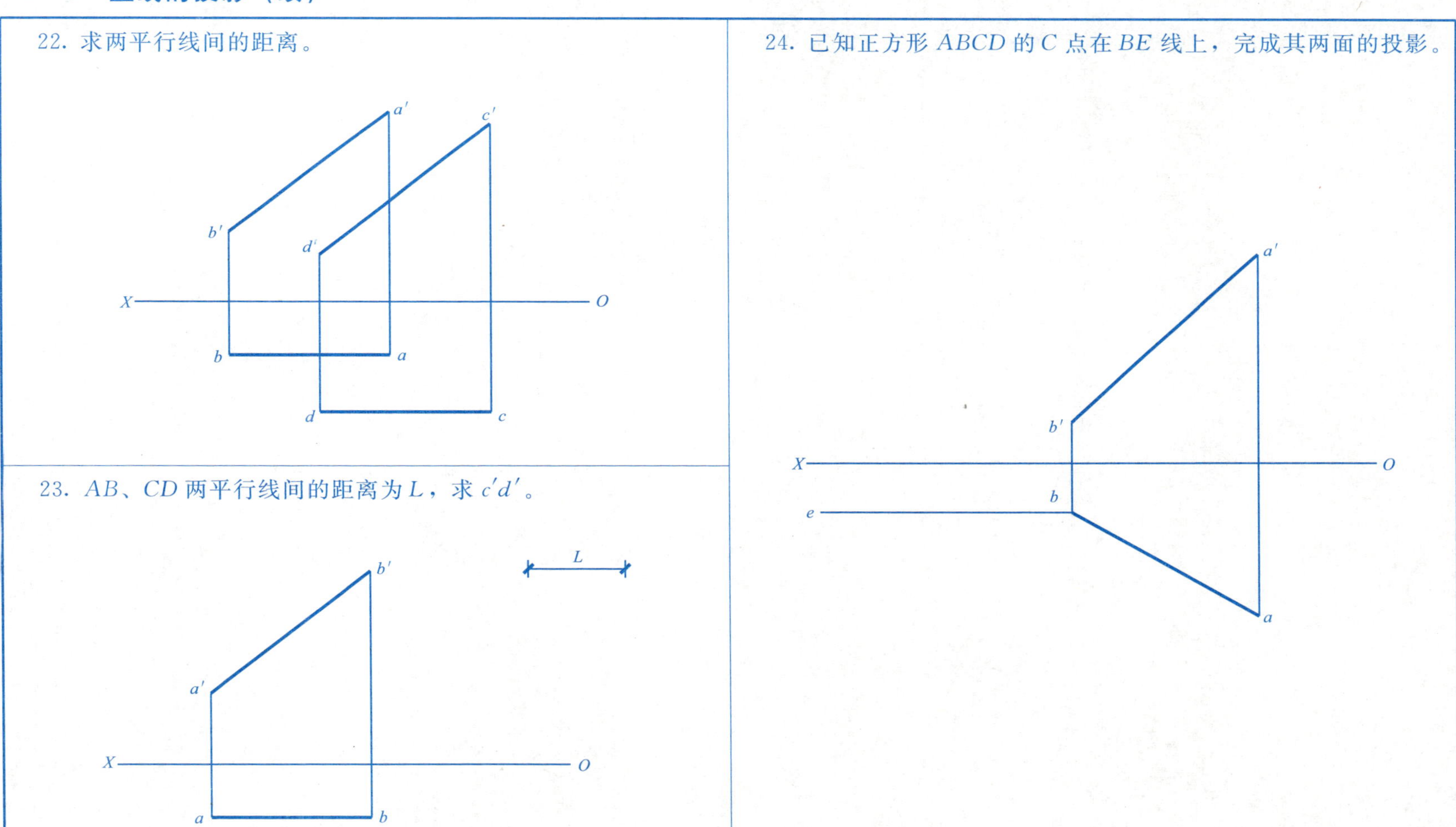

班级： 姓名： 学号：

25. 用换面法求出线段 AB 的实长和对 V 面的倾角 β。

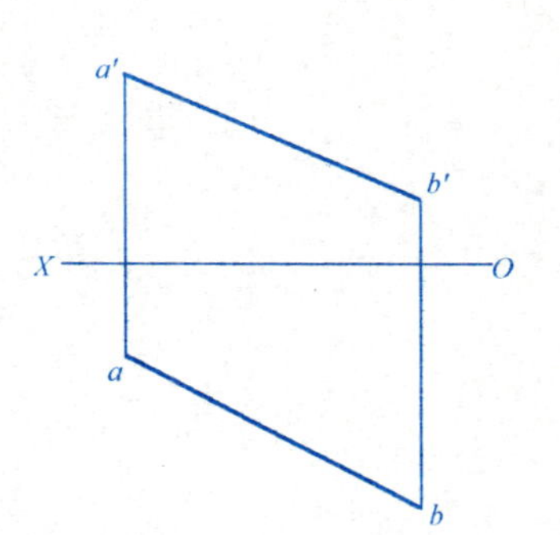

26. 换面法求出两平行线间的距离。

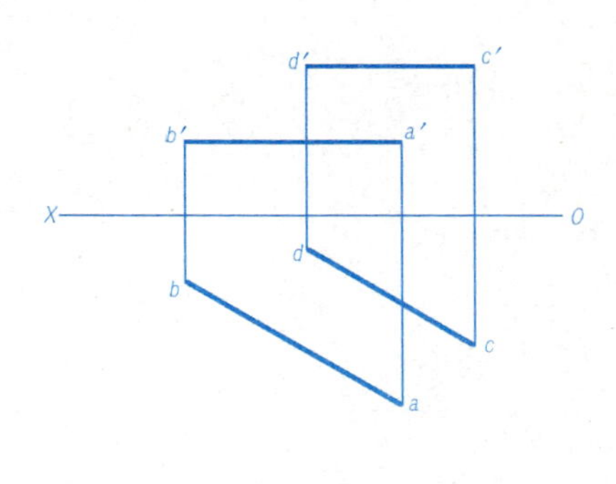

27. 已知线段 EF 的实长，用换面法求出其水平投影，并分析本题有几个解？

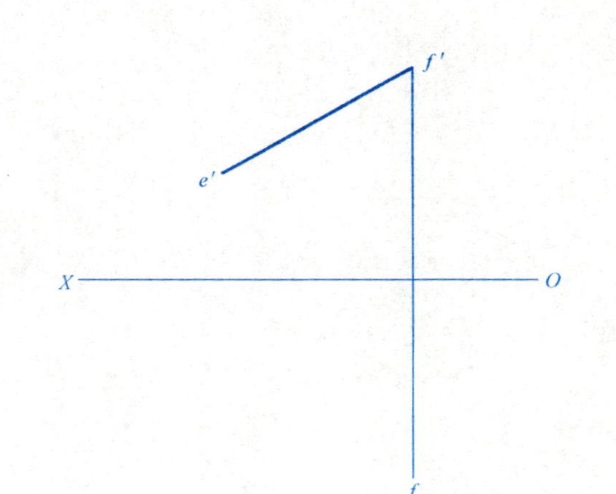

班级： 姓名： 学号：

2-3 平面的投影

1. 作出平面的第三投影，并说明是何种位置平面。

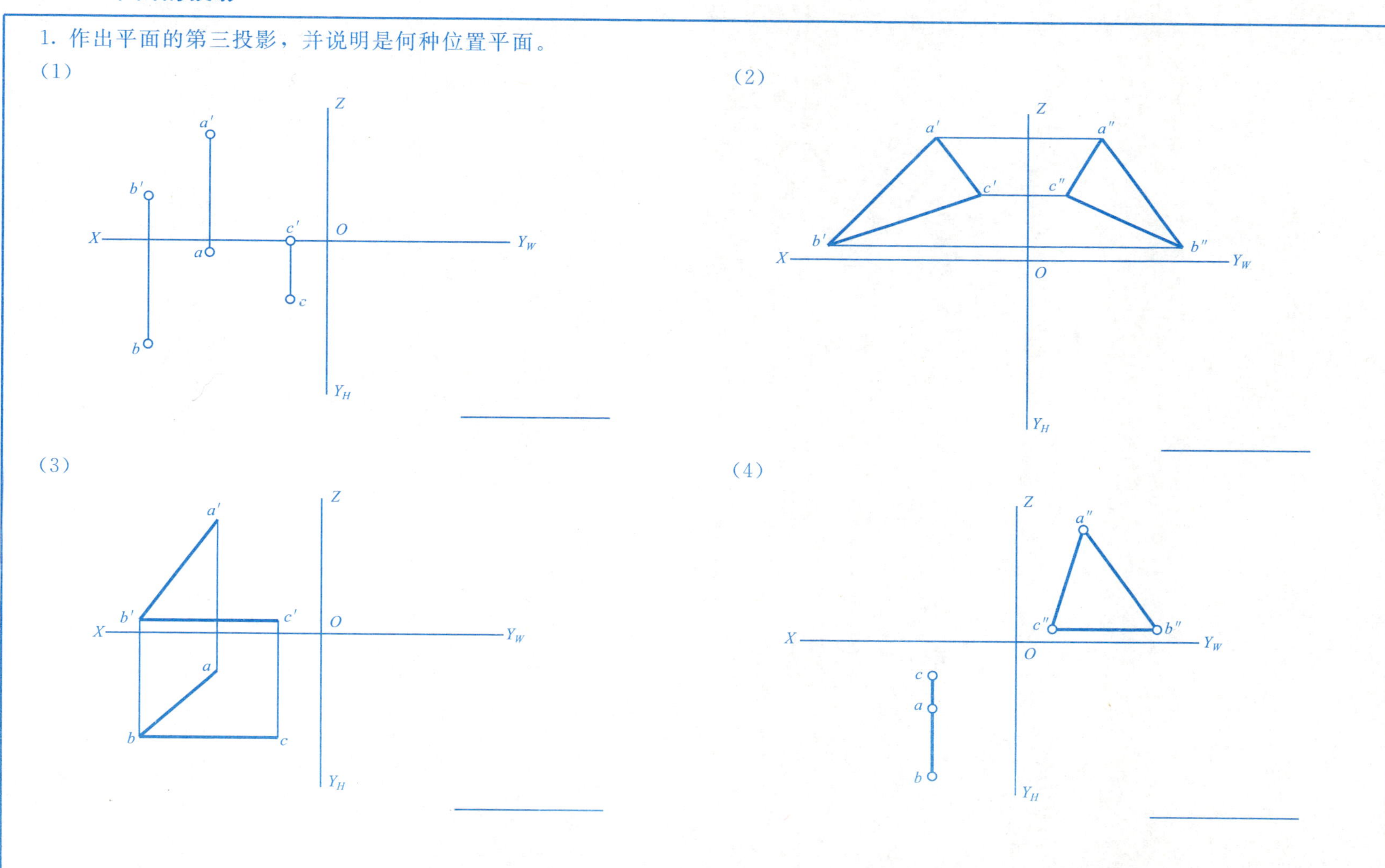

班级：　　姓名：　　学号：

2－3　平面的投影（续）

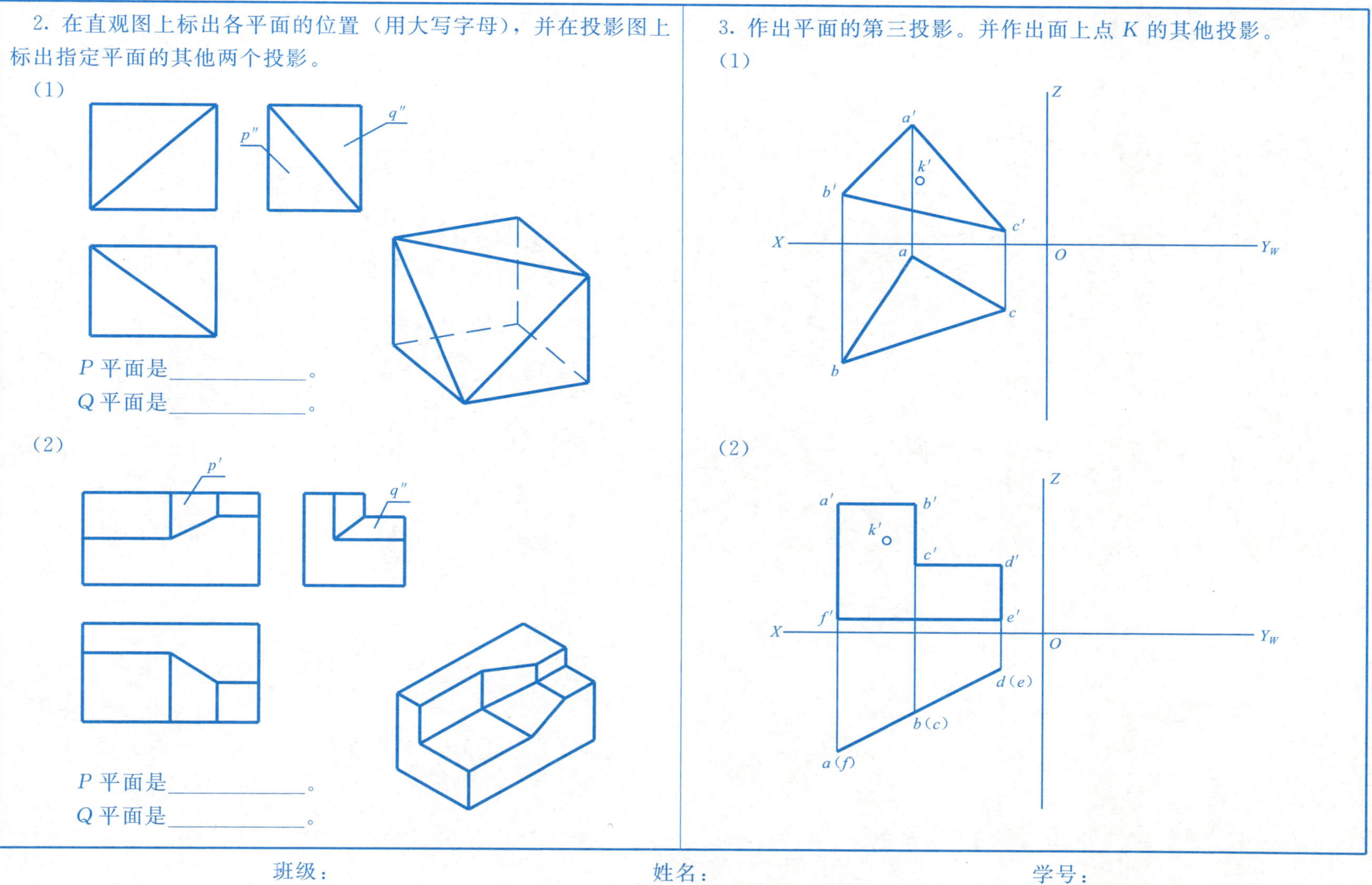

2. 在直观图上标出各平面的位置（用大写字母），并在投影图上标出指定平面的其他两个投影。

（1）

P 平面是＿＿＿＿＿＿＿。

Q 平面是＿＿＿＿＿＿＿。

（2）

P 平面是＿＿＿＿＿＿＿。

Q 平面是＿＿＿＿＿＿＿。

3. 作出平面的第三投影。并作出面上点 K 的其他投影。

（1）

（2）

班级：　　　　姓名：　　　　学号：

2-3 平面的投影（续）

4. 判别下列几何元素是否在同一平面内。

（1）

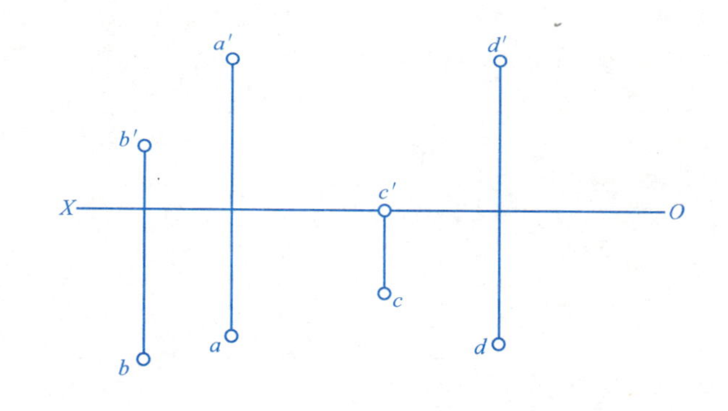

四个点________

（2）

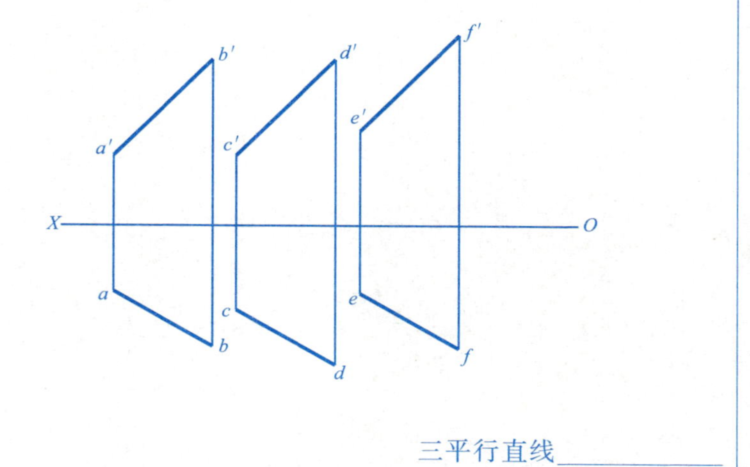

三平行直线________

5. 判别直线或点是否在平面内。

（1）

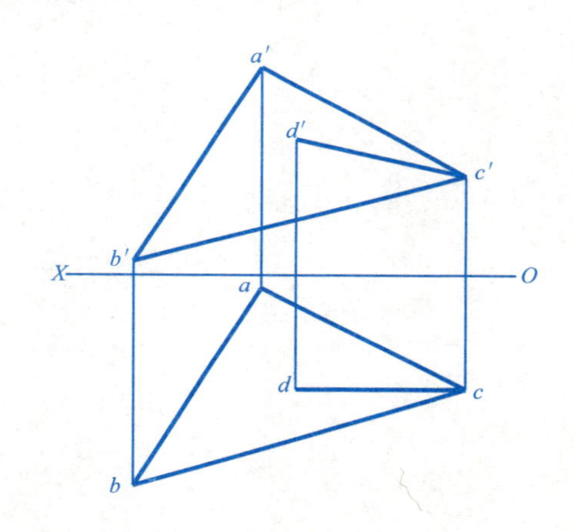

CD ________△ABC 内

（2）

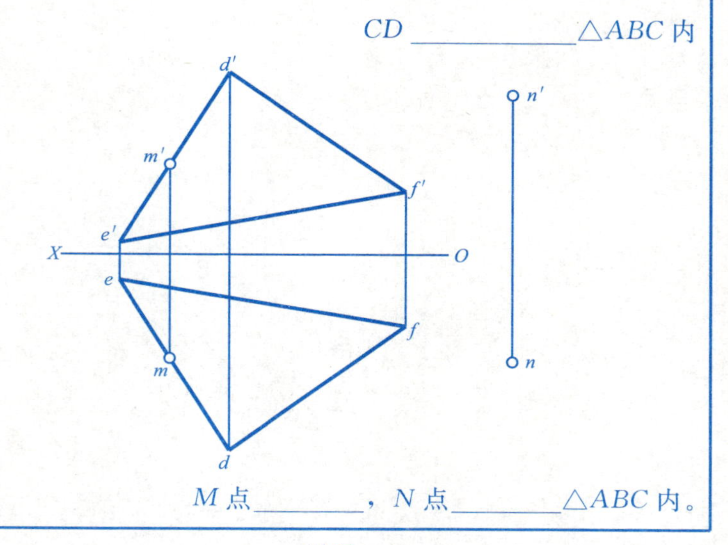

M 点________，N 点________△ABC 内。

班级：　　　　　　姓名：　　　　　　学号：

6. 取一点 K，使其在 V 面前方 15 mm，H 面上方 10 mm。

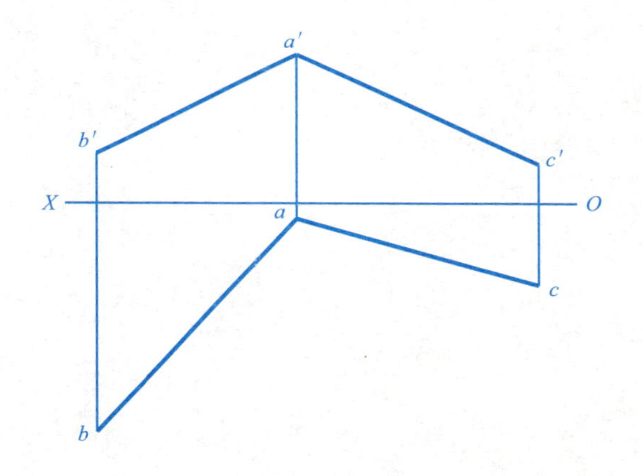

8. △ⅠⅡⅢ在四边形 $ABCD$ 平面内，求△ⅠⅡⅢ水平投影。

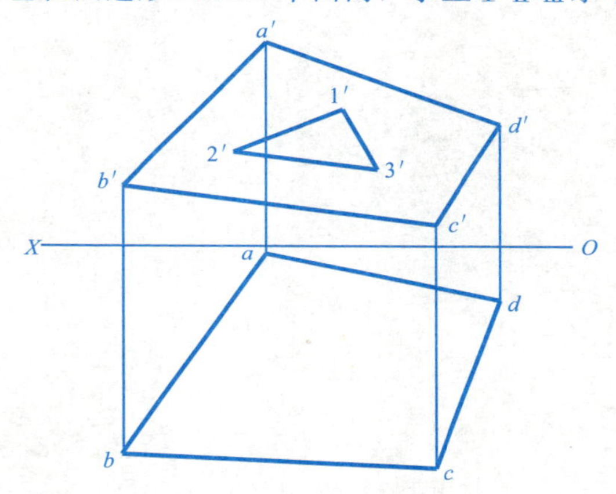

7. 在平面内取一直线，使其和 V 面平行，且在 V 面前方 15 mm。

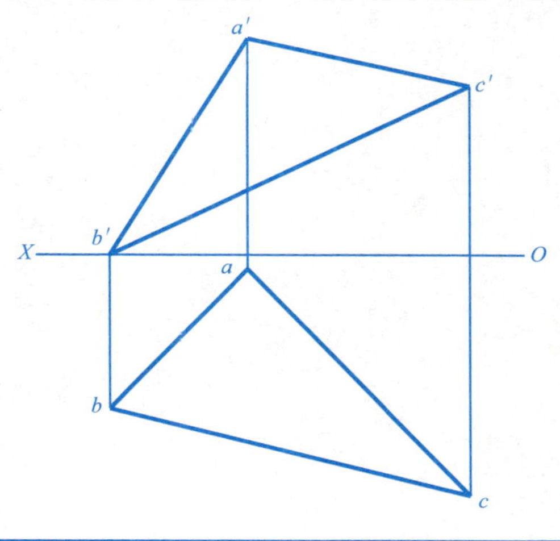

9. 完成四边形在 V 面的投影。

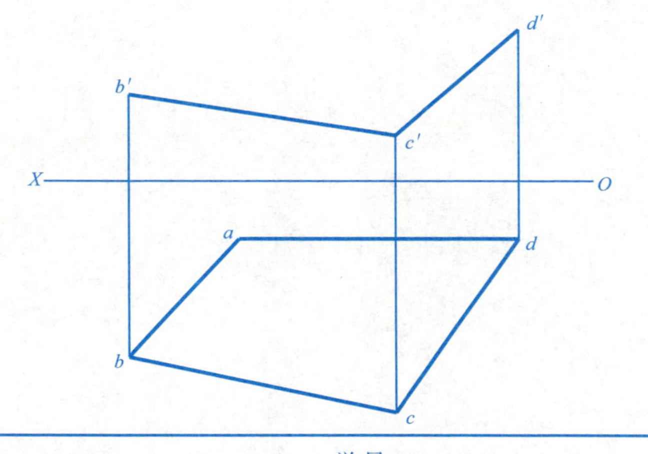

班级：　　　　姓名：　　　　学号：

10. 平面 $ABCD$，$CD /\!/ V$ 面，补全平面的 H 面投影。

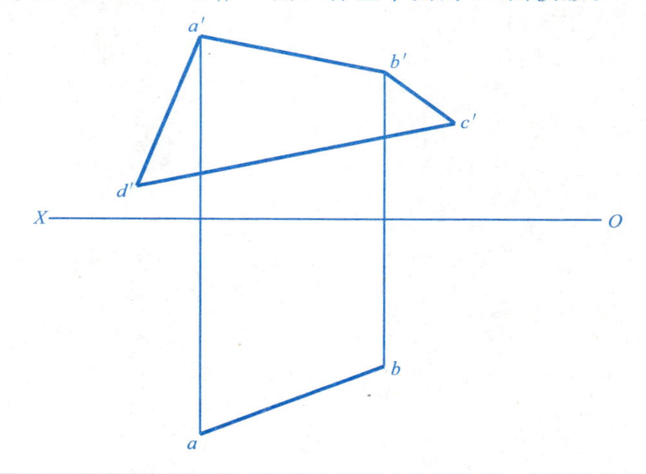

12. 换面法求△ABC 的实形。

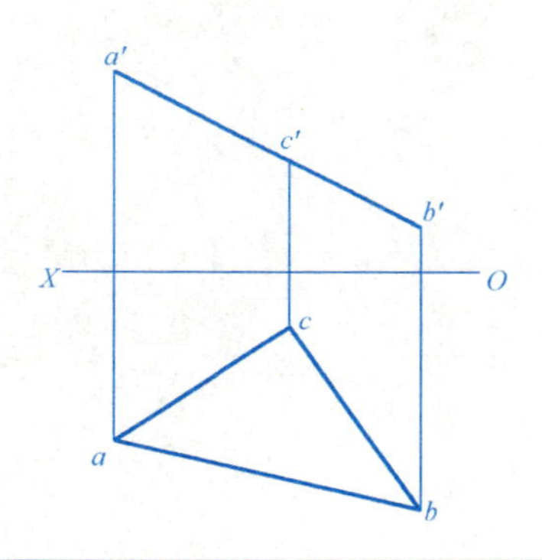

11. 已知正方形 $ABCD$ 为铅垂面，AC 为对角线，完成正方形的投影。

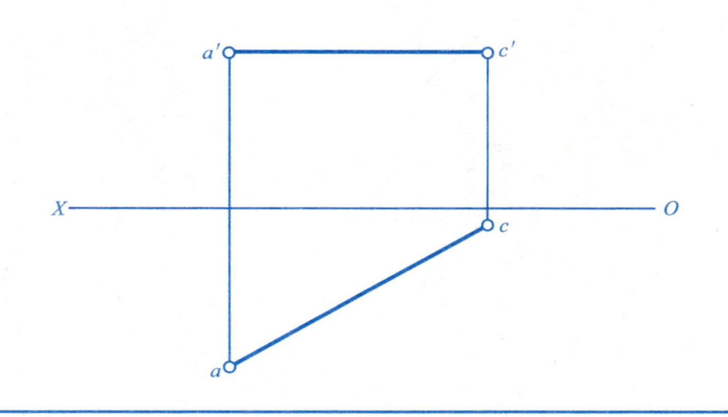

13. 求平面 $ABCD$ 对 H 面的最大坡度线，并求该平面对 H 面的倾角 α。

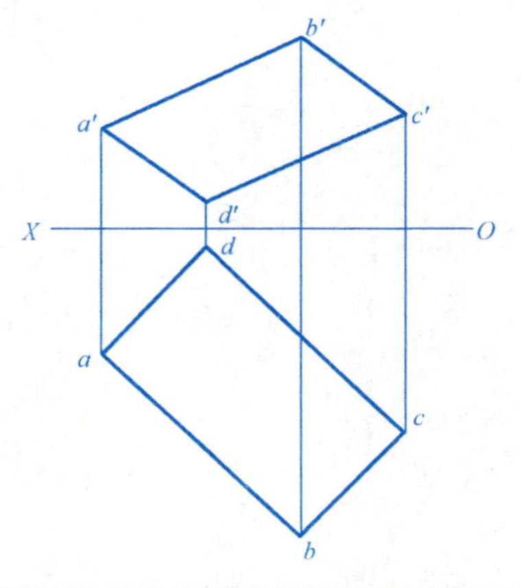

班级：　　　　姓名：　　　　学号：

2-4 直线和平面、平面和平面的相对位置

1. 判别直线和平面是否平行。

(1)

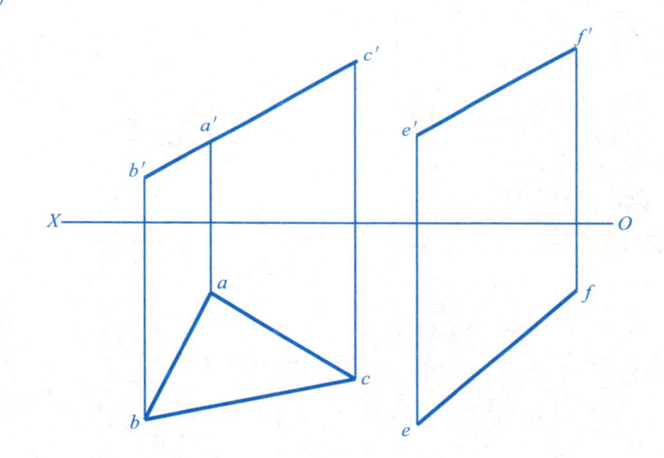

EF 与△ABC ________

(2)

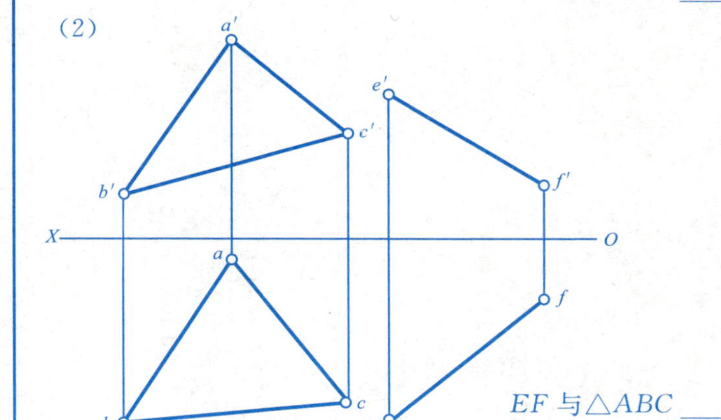

EF 与△ABC ________

2. 已知直线 EF 和△ABC 平行，完成三角形的 V 面投影。

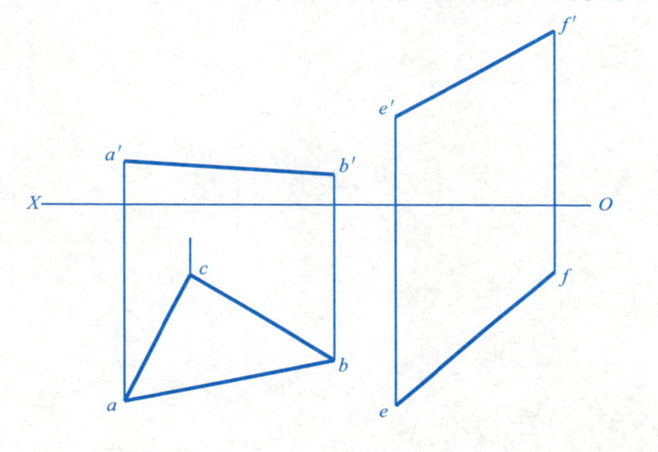

3. 过 E 点作水平线 EF∥△ABC ，EF=25 mm。

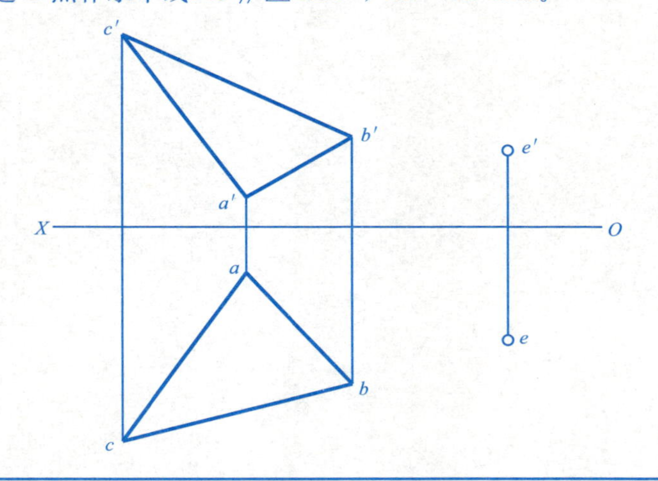

班级：　　　　姓名：　　　　学号：

4. 判别两平面是否平行。

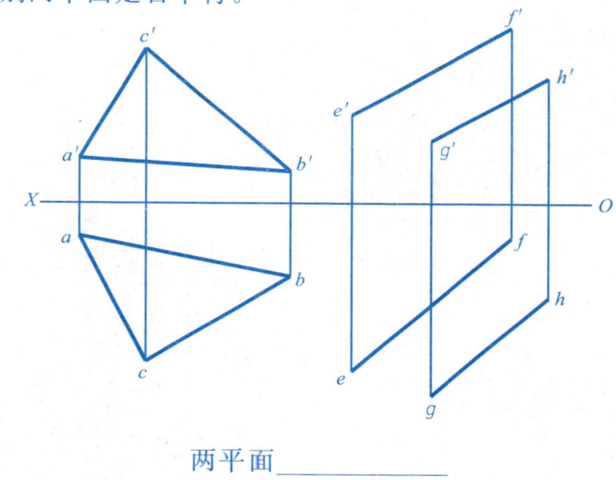

两平面＿＿＿＿＿＿

5. 过 A 点作平面和交叉两直线 EF、GH 平行。

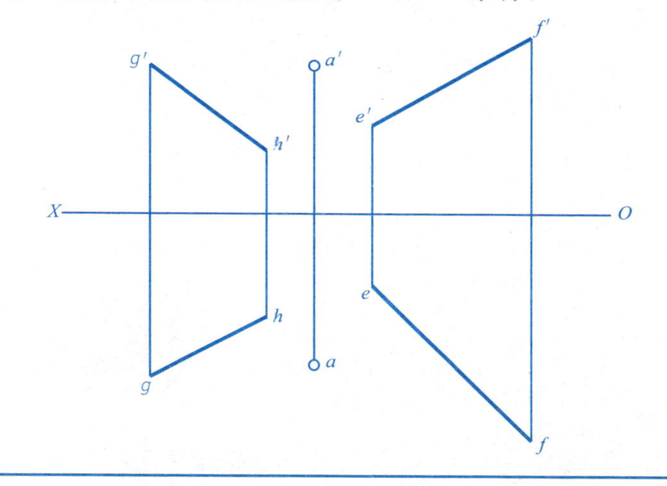

6. 过点作平面平行于已知平面。

（1）

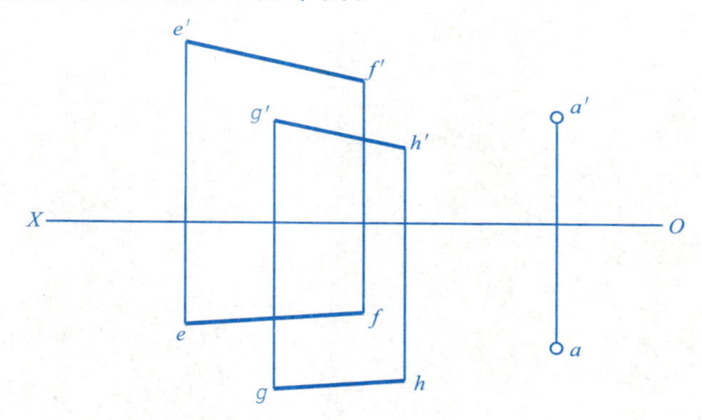

（2）

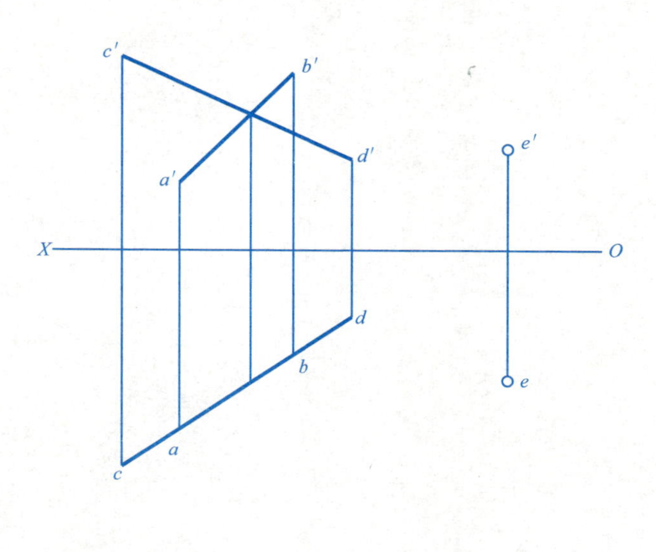

班级：　　　　　　　　姓名：　　　　　　　　学号：

2－4　直线和平面、平面和平面的相对位置（续）

7. 包含直线 AB 作平面平行直线 CD。

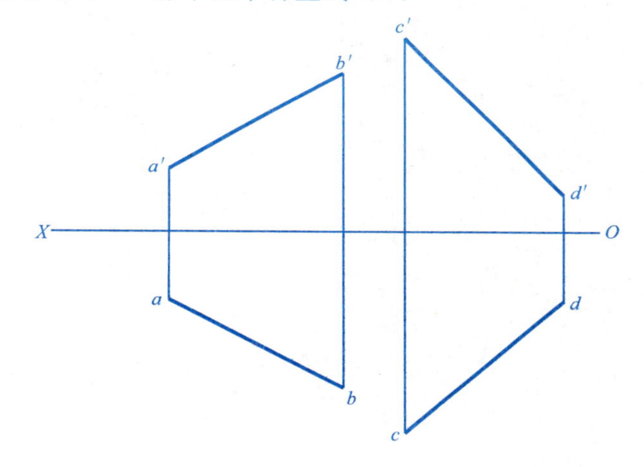

9. 过 K 点作平面 P 的垂线。

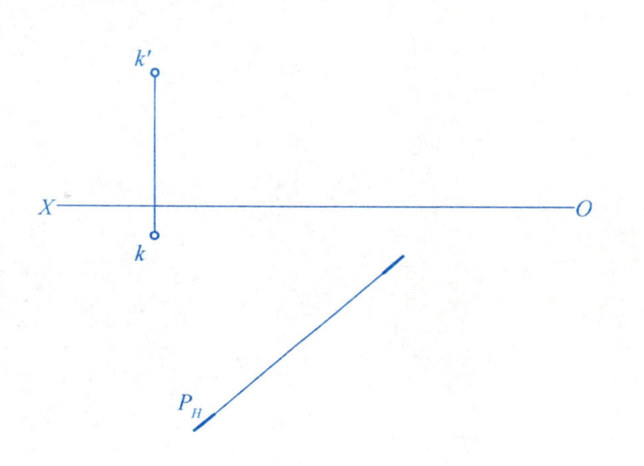

8. 过 D 点作直线 DE，平行于 V 面和由相交两直线所决定的平面。

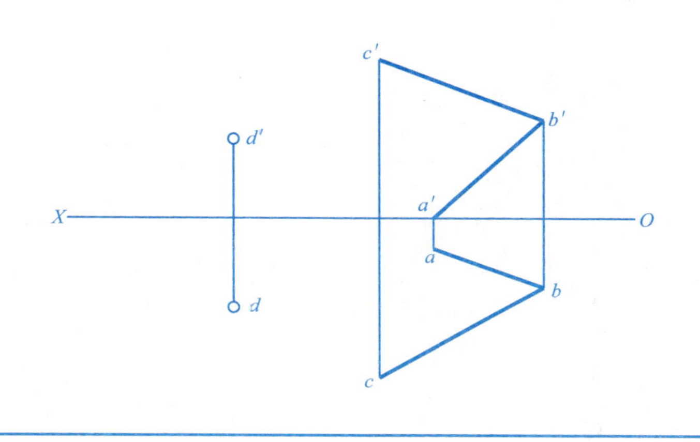

10. 过 B 点作平面 P 垂直于直线 AB。

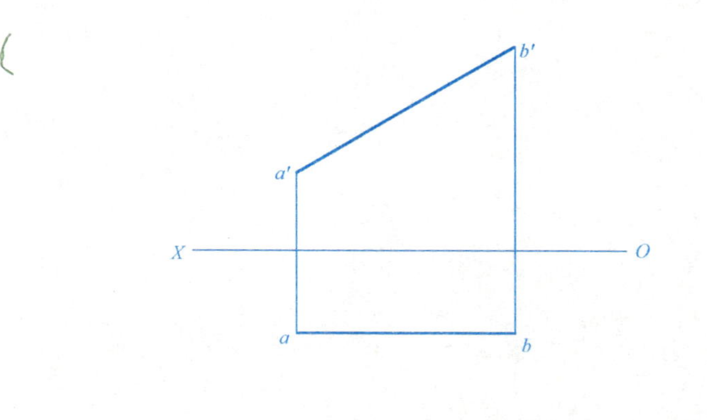

班级：　　　　姓名：　　　　学号：

2-4 直线和平面、平面和平面的相对位置（续）

11. 求直线与平面的交点，并判别可见性。

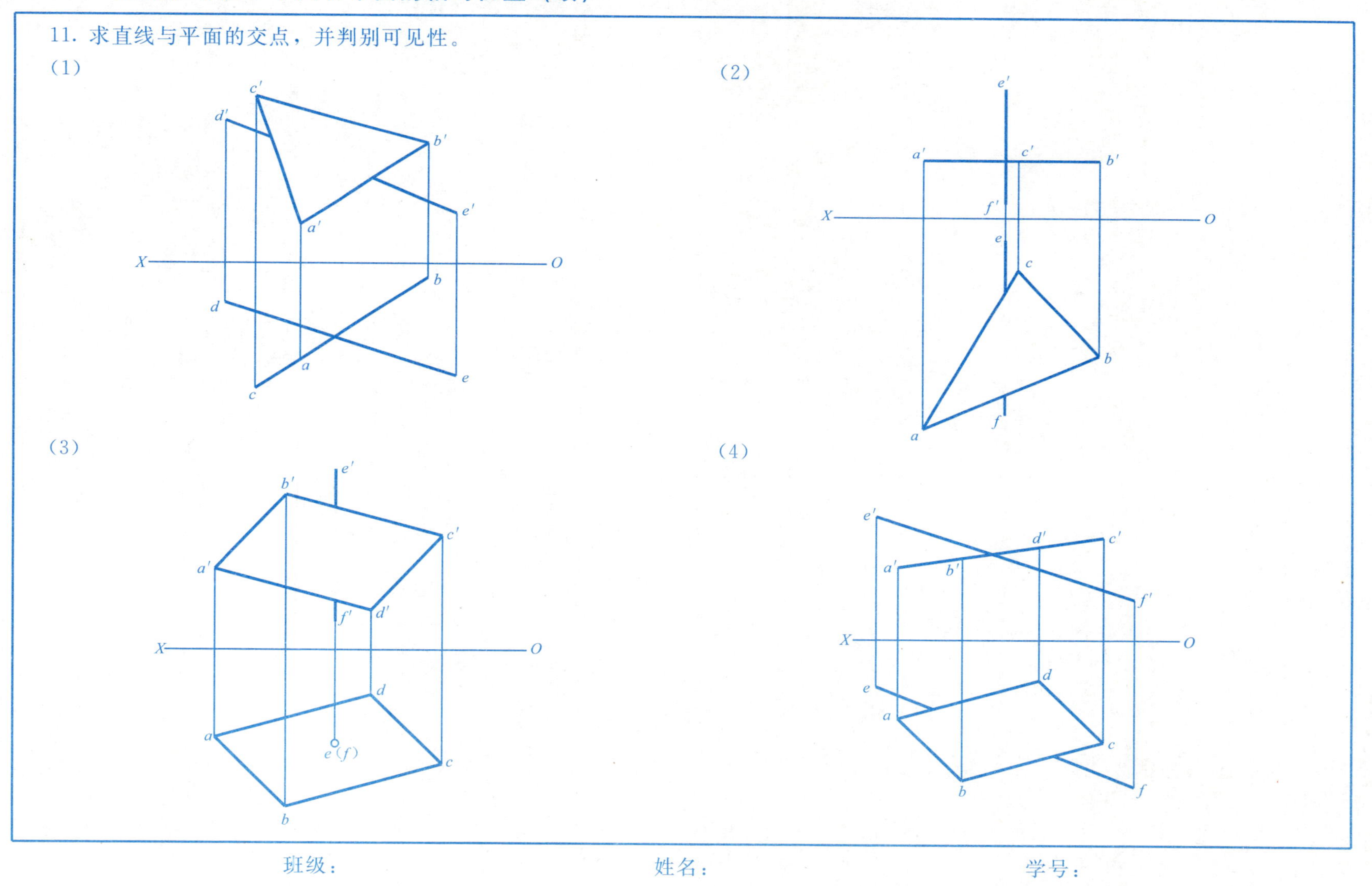

班级：　　　　姓名：　　　　学号：

12. 求两平面的交线，并判别可见性。

(1)

(2)

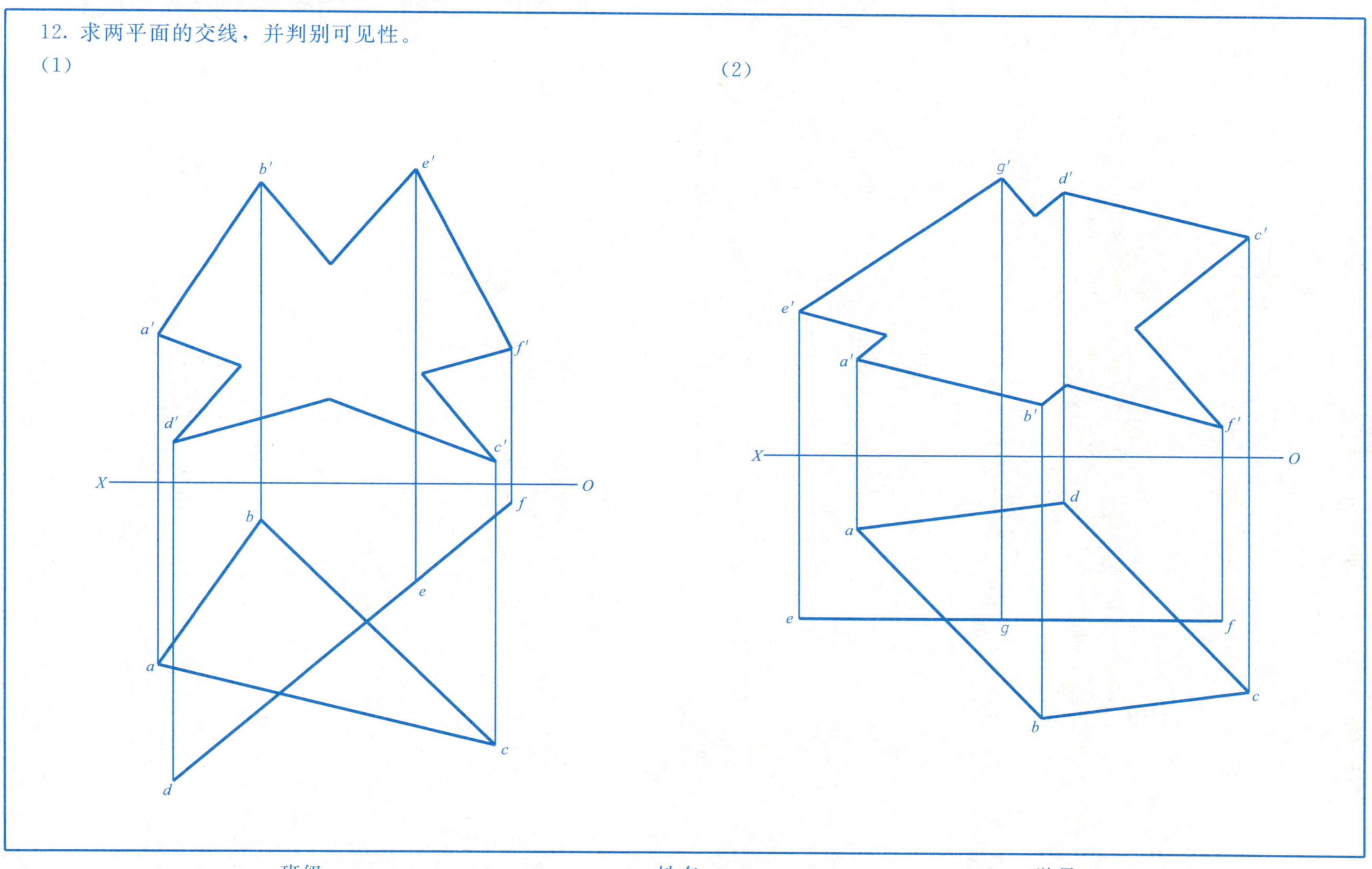

班级： 姓名： 学号：

第三章　基本体及其表面交线

3－1　基本体的投影

1. 补画平面体的第三投影，并求其表面上点的另外两个投影。

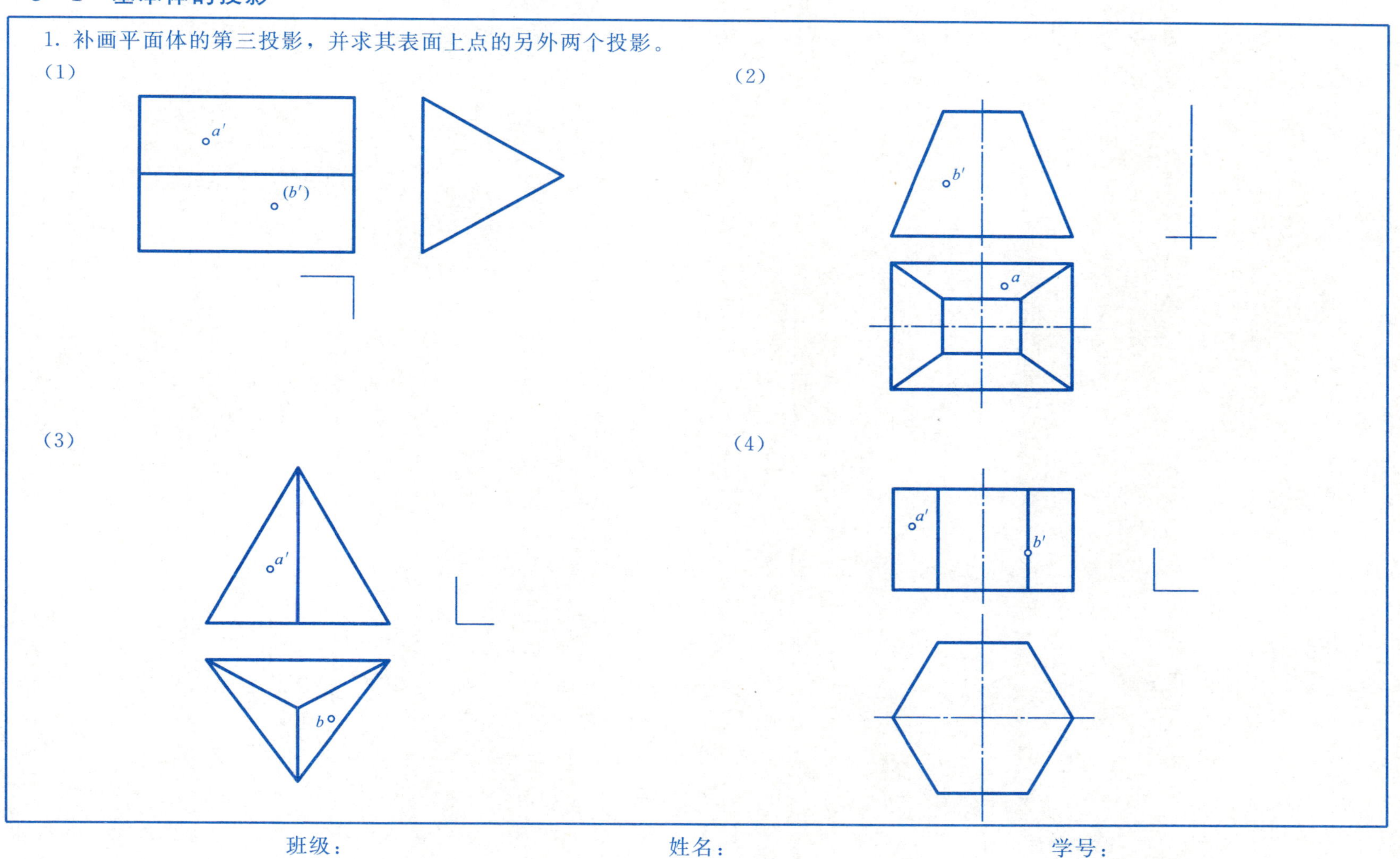

班级：　　　　　　　　　　　　　　姓名：　　　　　　　　　　　　　　学号：

3-1　基本体的投影（续）

2. 补画平面体的第三投影，并求其表面上线的另外两个投影。

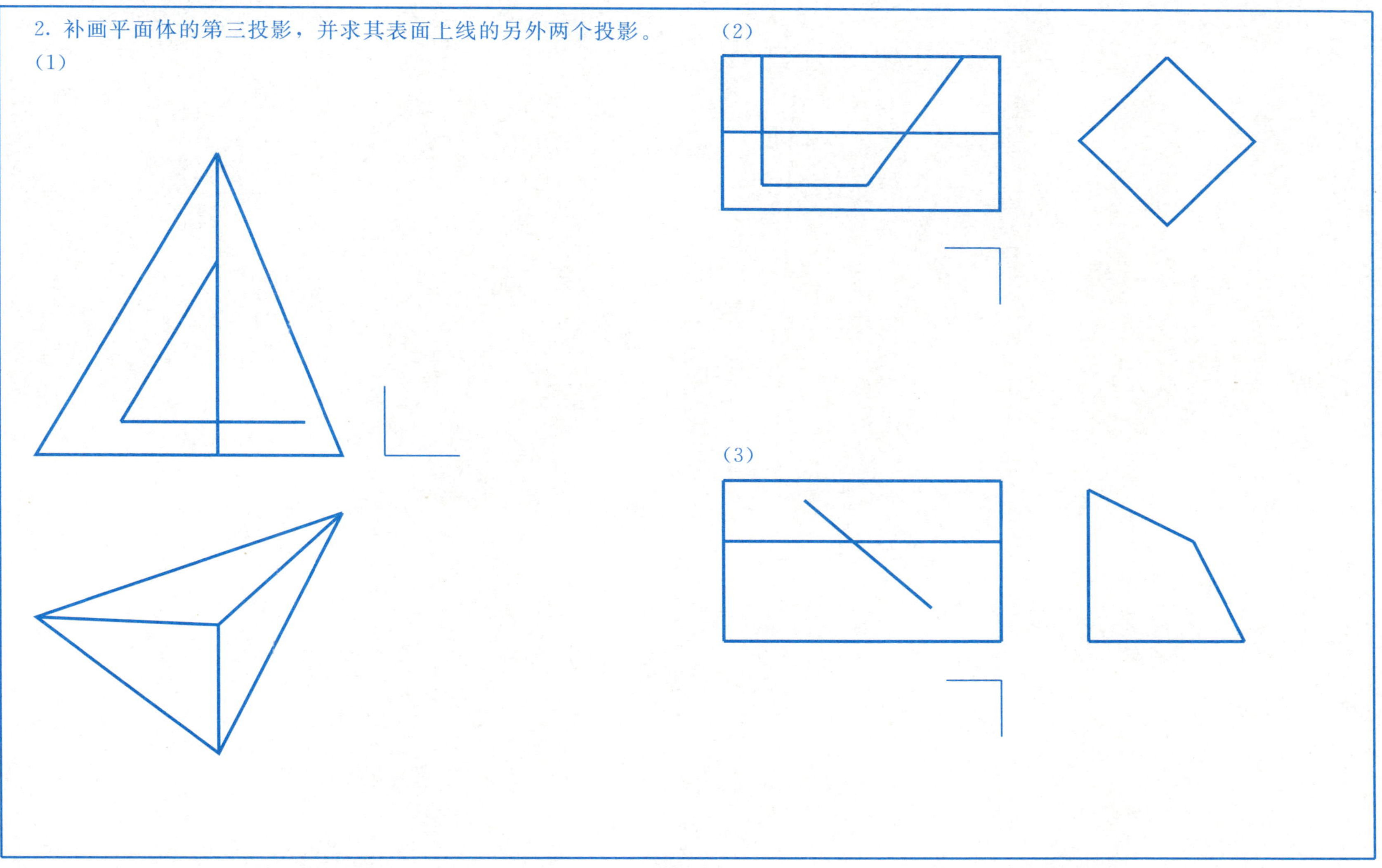

班级：　　　　　　　　　　姓名：　　　　　　　　　　学号：

3. 补画回转体的第三投影，并求其表面上点和线的另外两个投影。

(1)

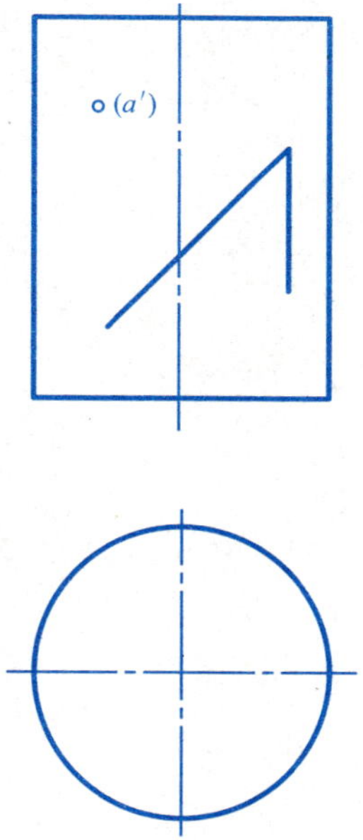

(a′)

(2)

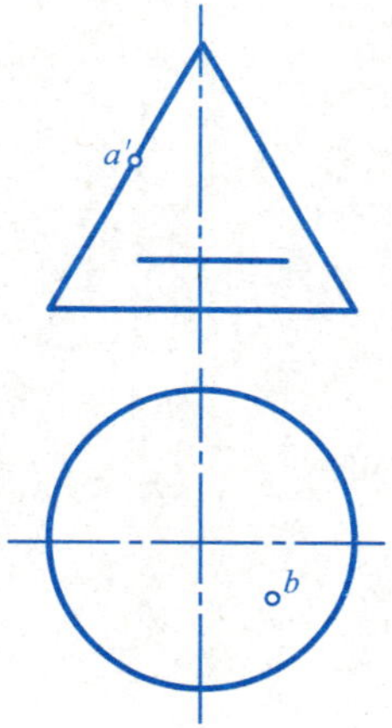

a′

b

(3)

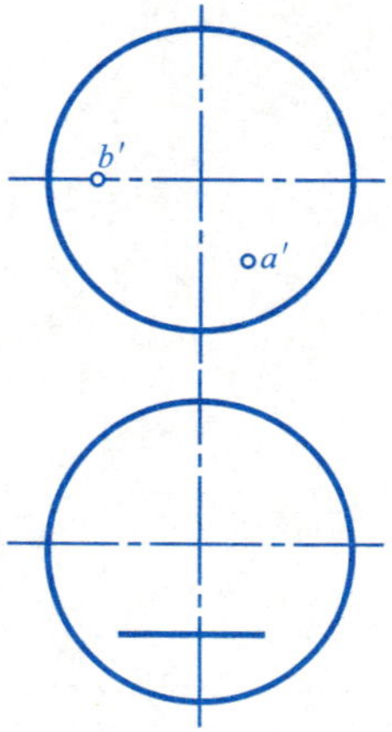

b′

a′

班级：　　姓名：　　学号：

3-2 截交线

1. 求平面与立体的截交线，并补画出第三投影。

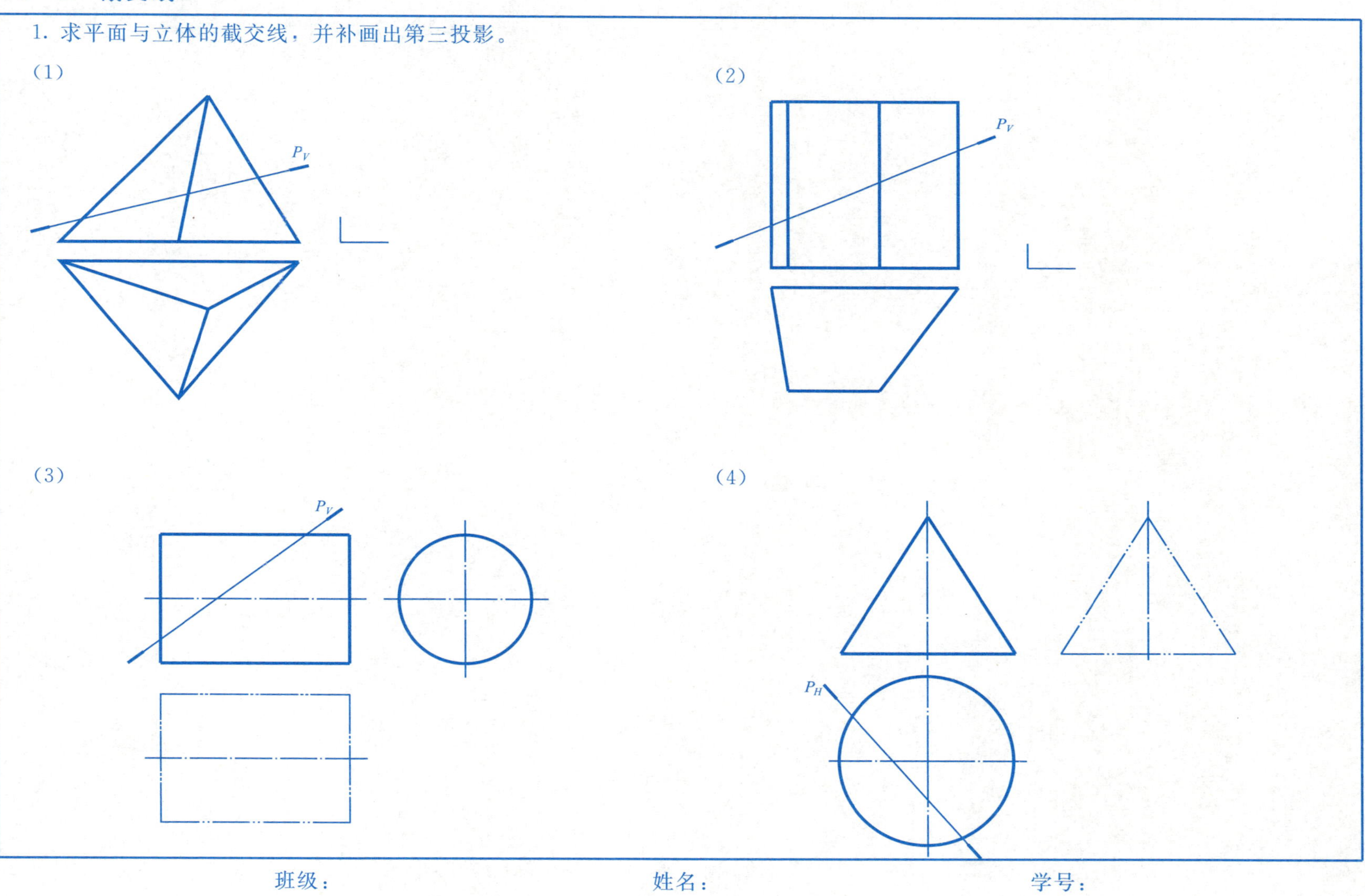

班级：　　　　姓名：　　　　学号：

3－2 截交线（续）

2. 完成平面体被截切后的三面投影。

（1）

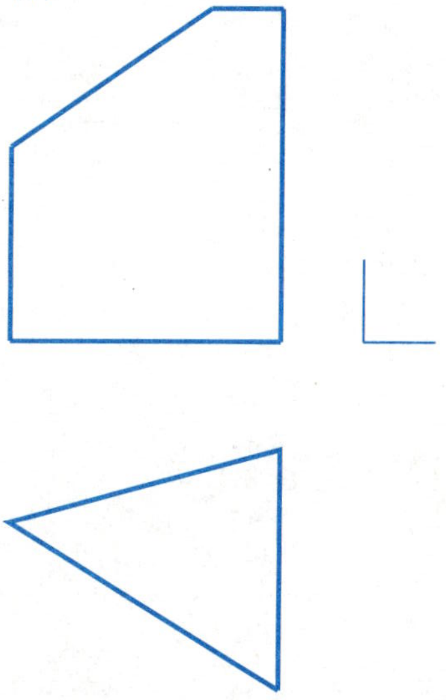

（2）

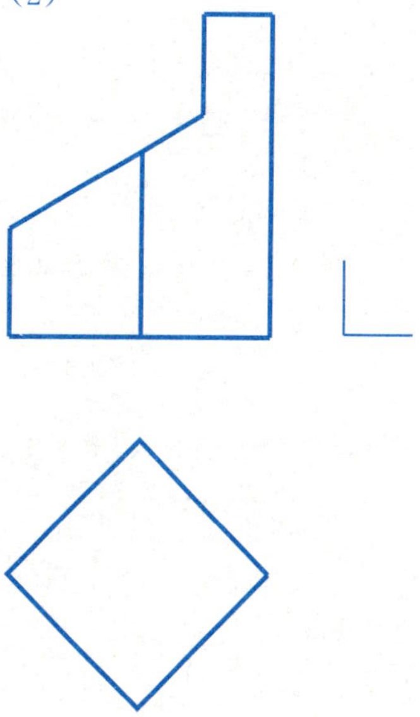

（3）

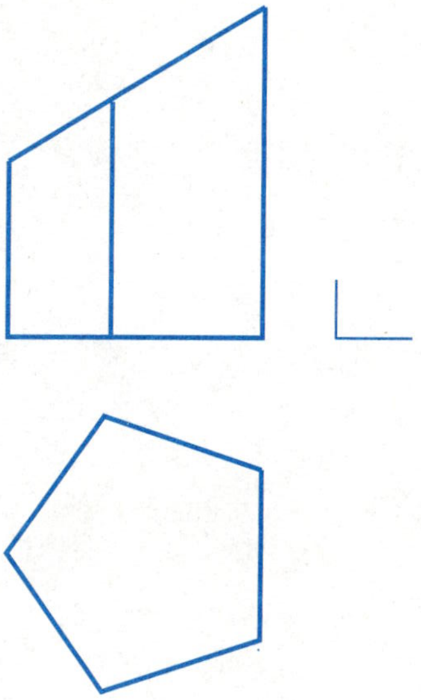

（4）

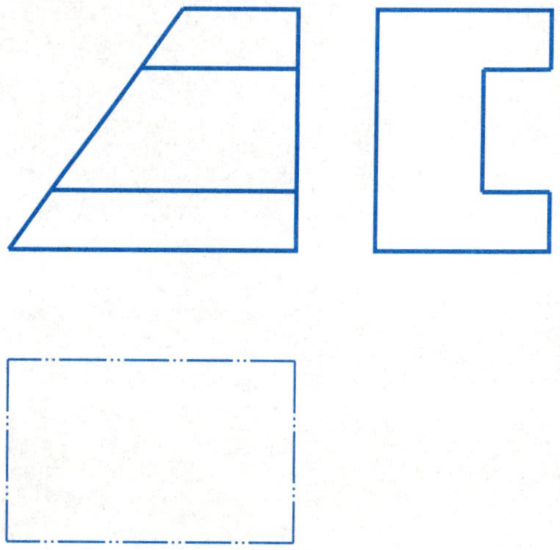

班级：　　　　姓名：　　　　学号：

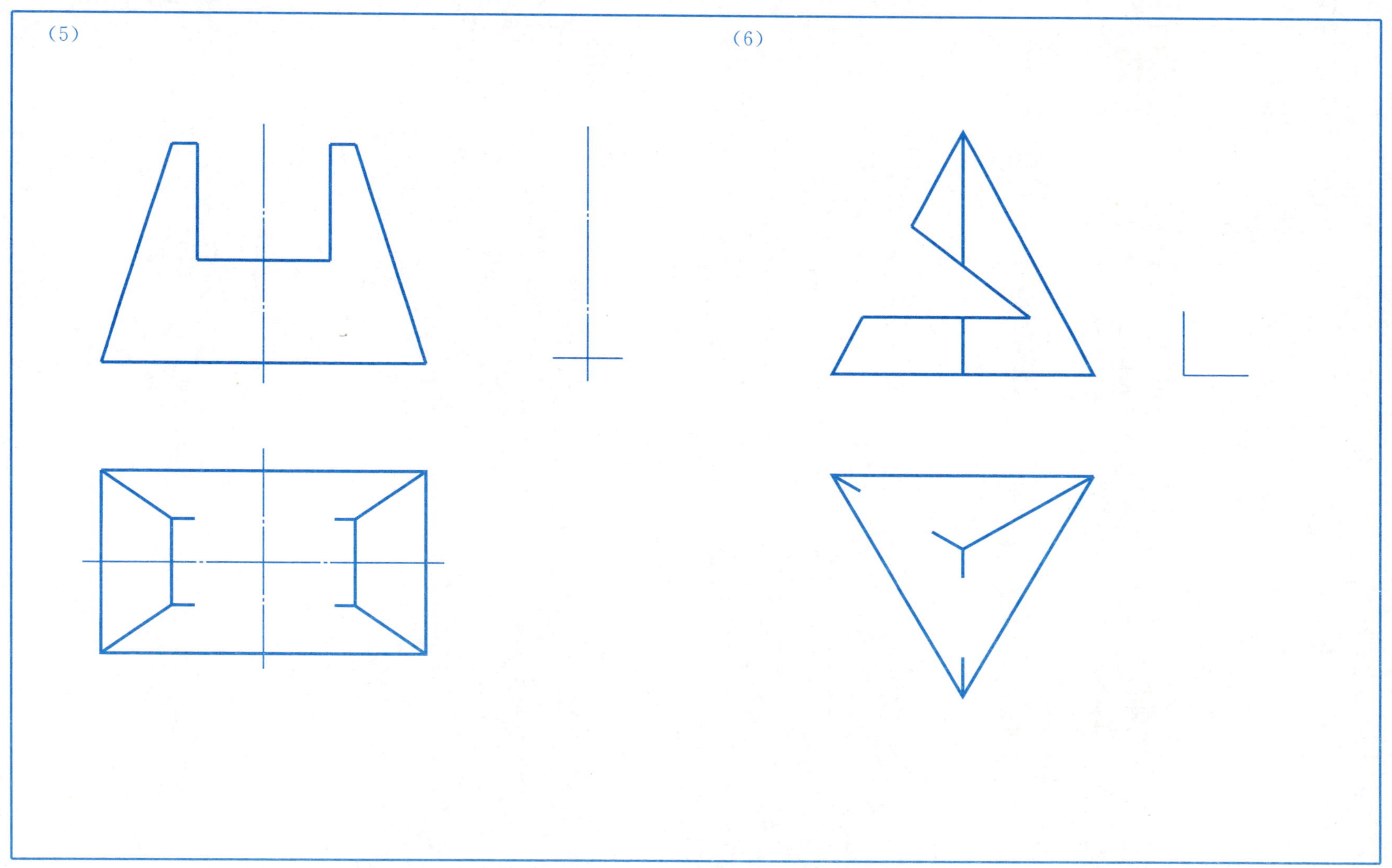

班级：　　　　　　　　姓名：　　　　　　　　学号：

3. 完成截切后圆柱的三面投影。

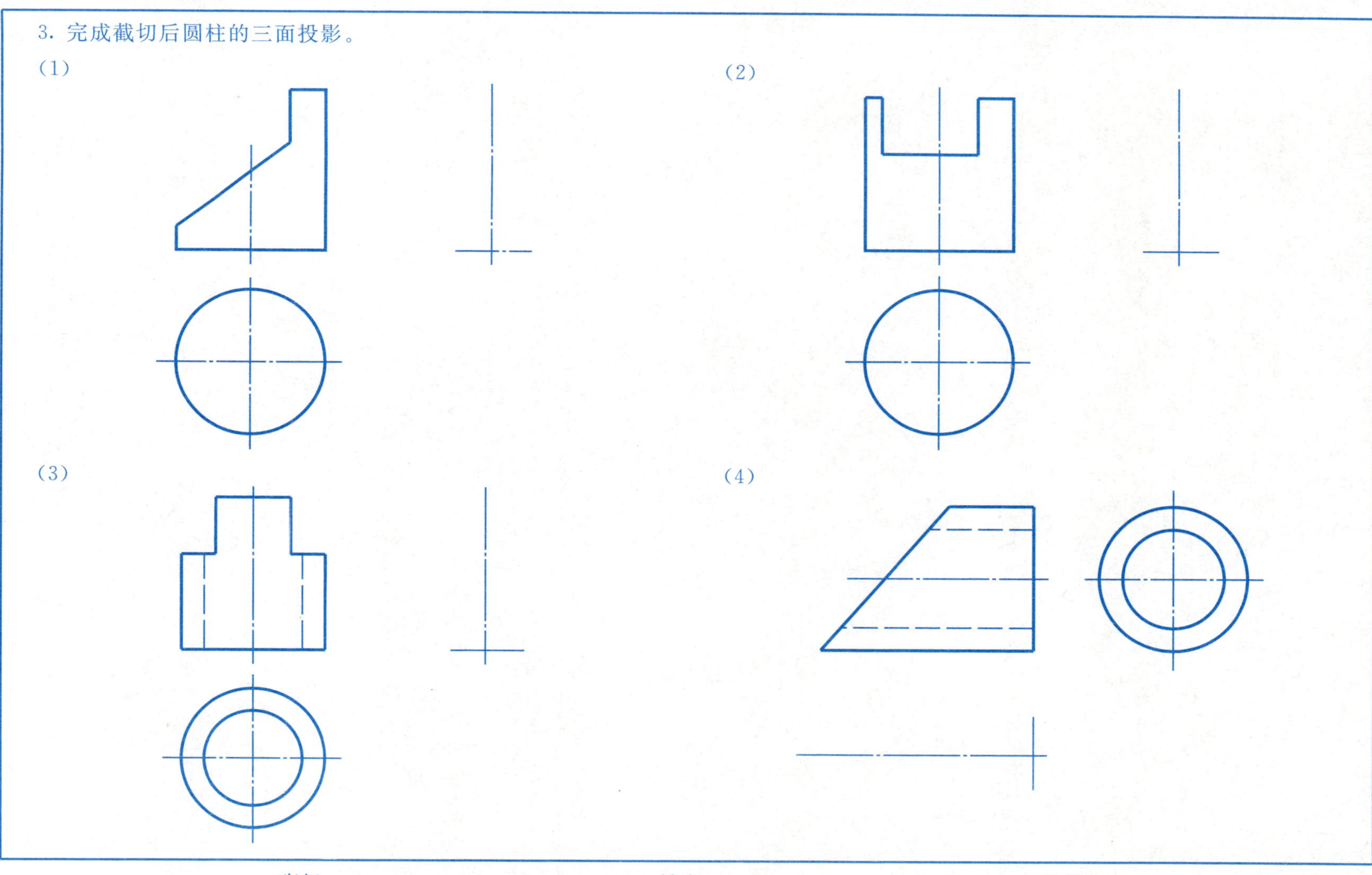

班级：　　　　　　　　姓名：　　　　　　　　学号：

4. 完成截切后圆锥的三面投影。

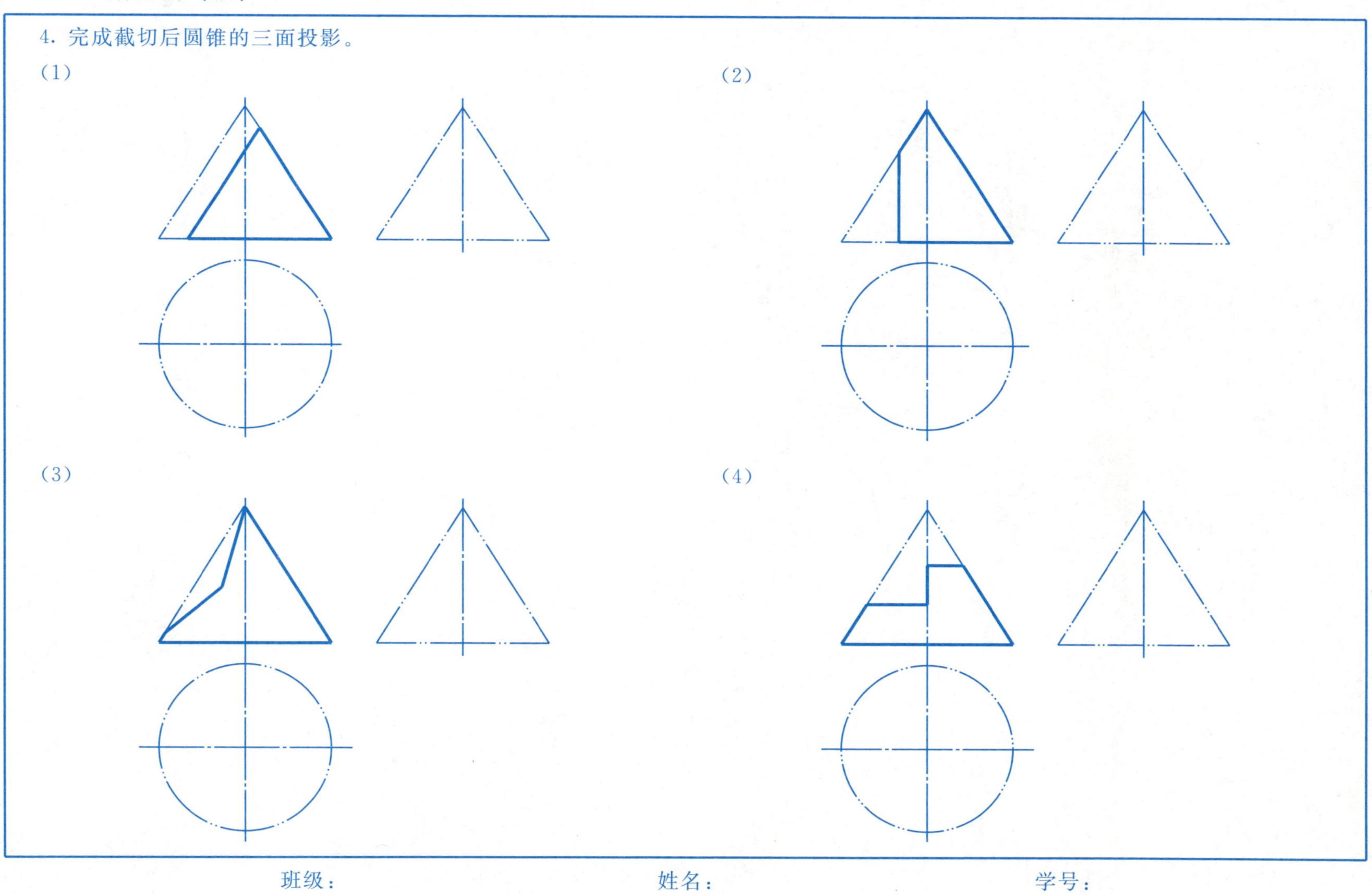

班级：　　　　姓名：　　　　学号：

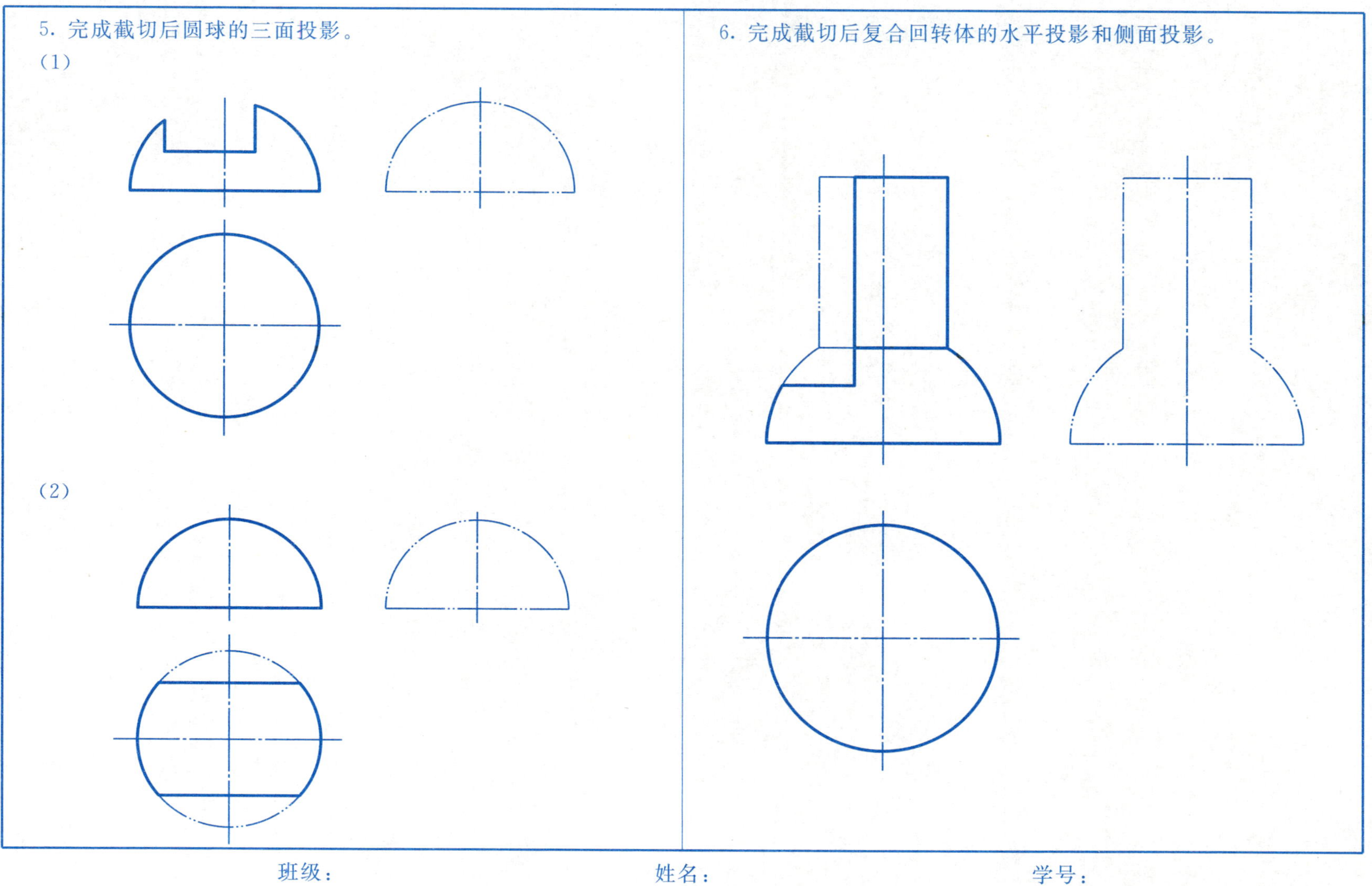

班级：　　　　　　　　姓名：　　　　　　　　学号：

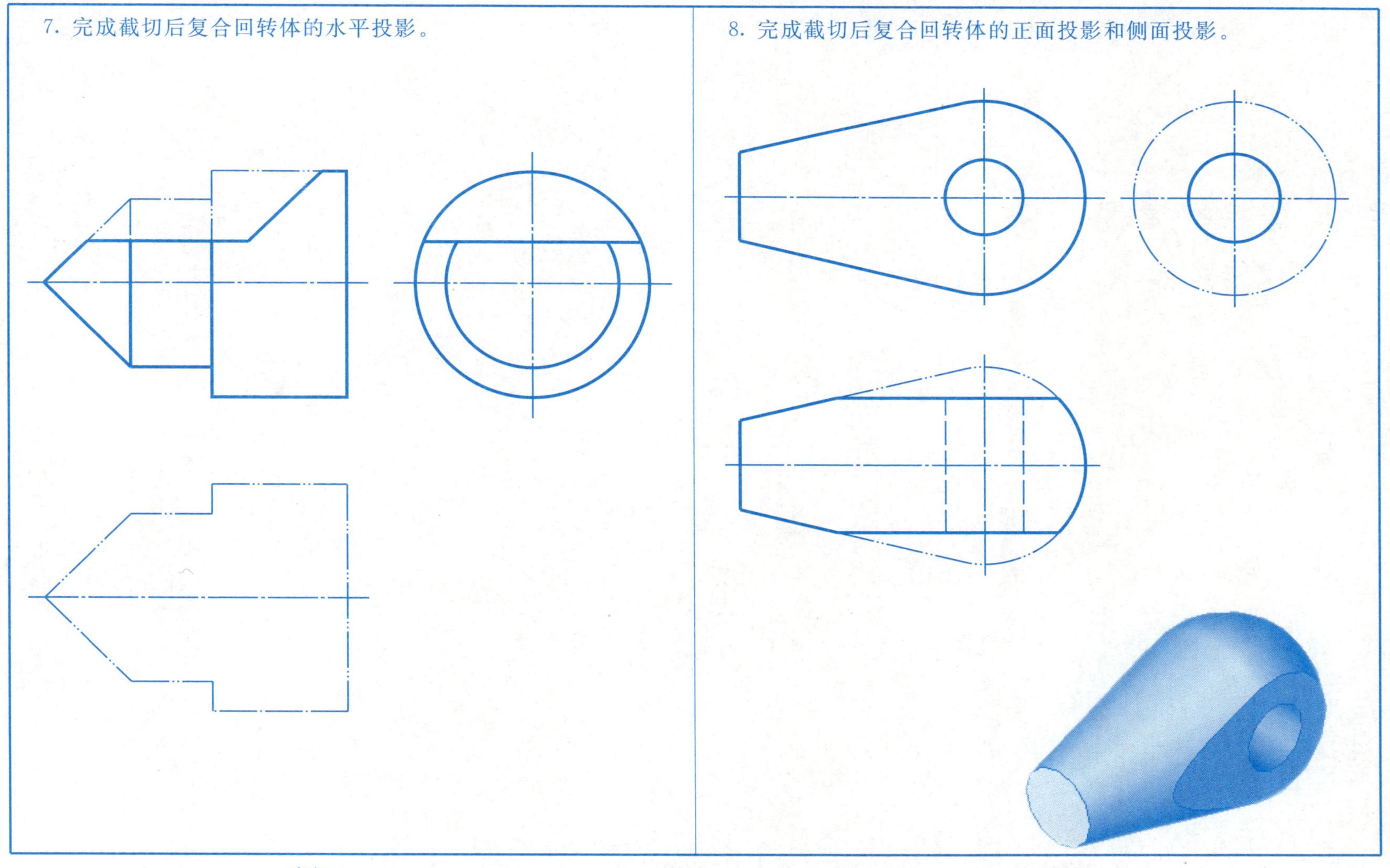

班级：　　　　　　　　姓名：　　　　　　　　学号：

3-3 相贯线

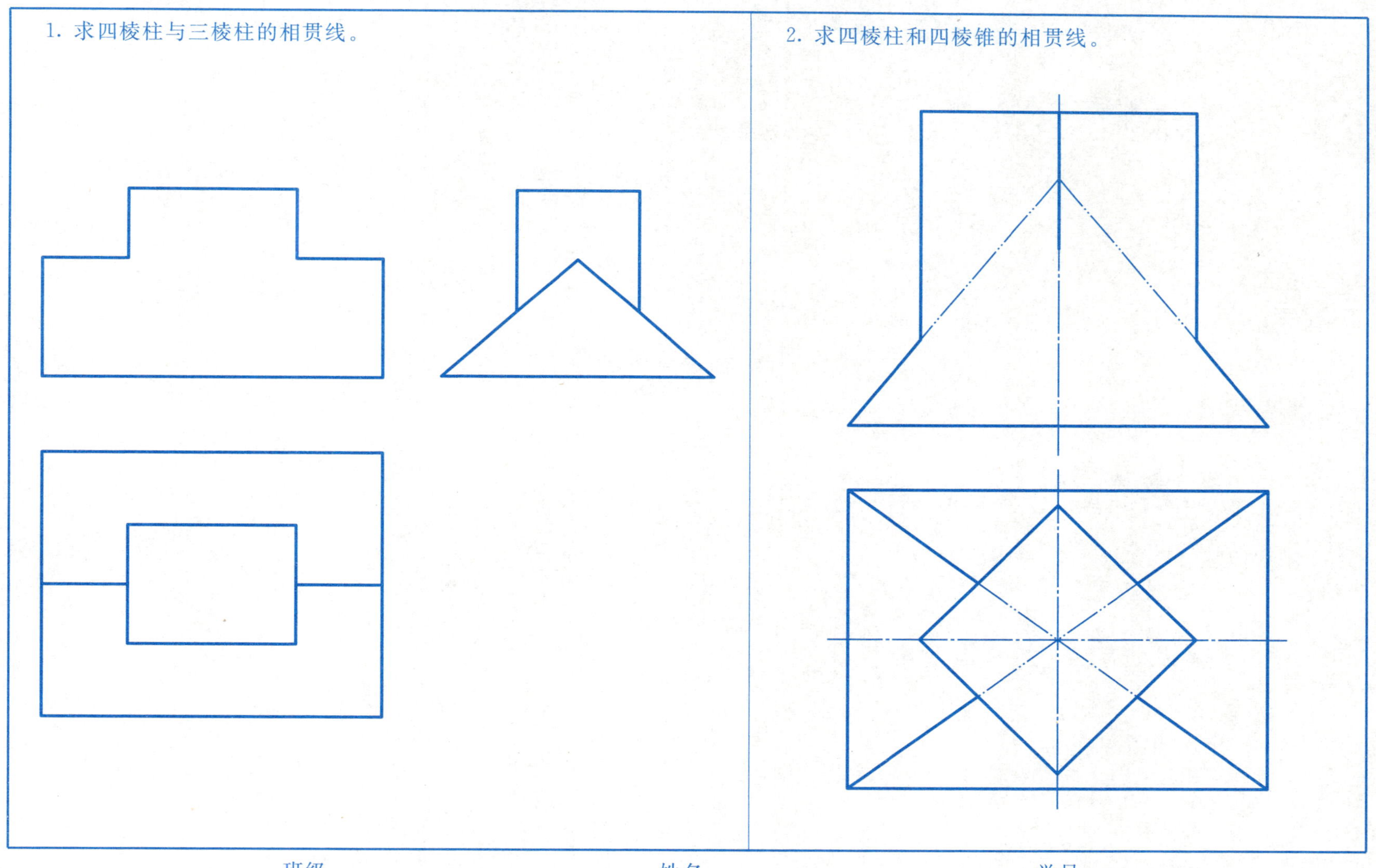

班级：　　　　　　　　姓名：　　　　　　　　学号：

3-3 相贯线（续）

3. 求两三棱柱的相贯线。

(1)

(2)

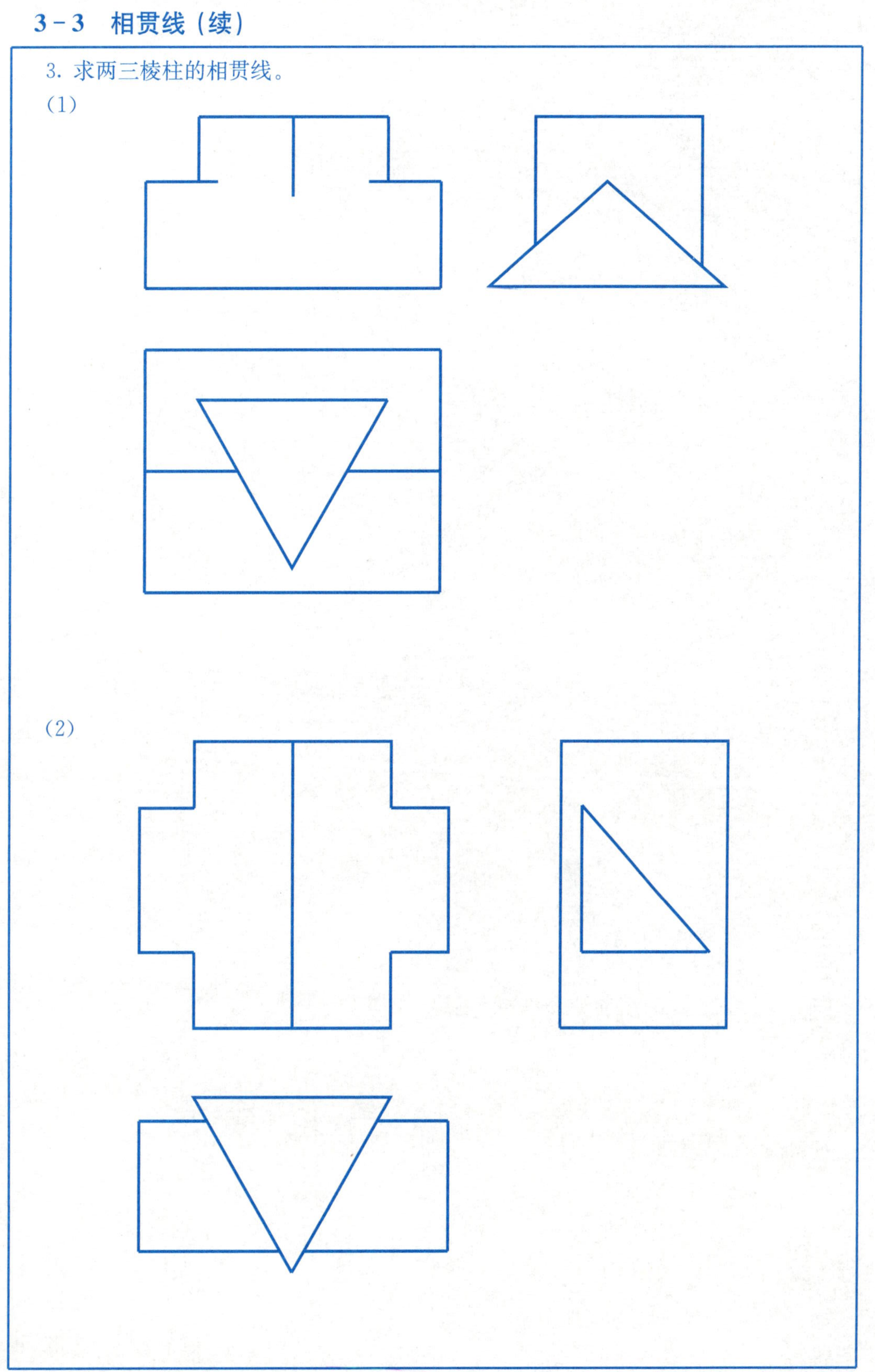

班级：　　　　　　姓名：　　　　　　学号：

4．求带贯通孔三棱锥的水平投影，并补画其侧面投影。

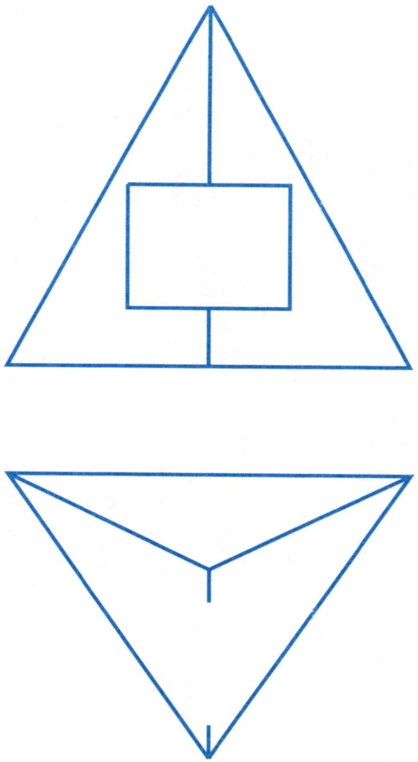

5．求带贯通孔的三棱柱的水平投影，并补画侧面投影。

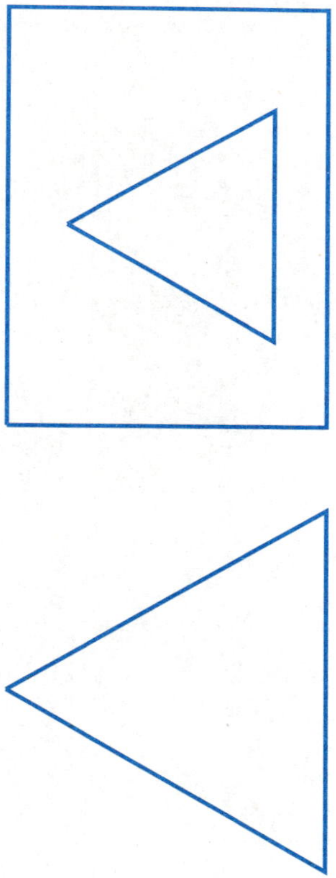

班级：　　　　姓名：　　　　学号：

3－3　相贯线（续）

6．求四棱柱与圆柱的相贯线。

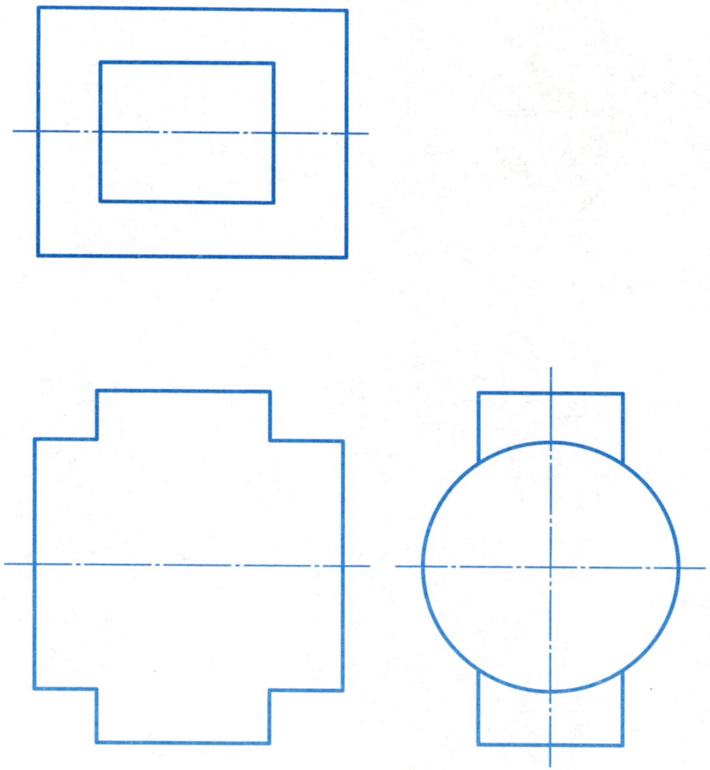

7．求圆柱与四棱锥的相贯线。

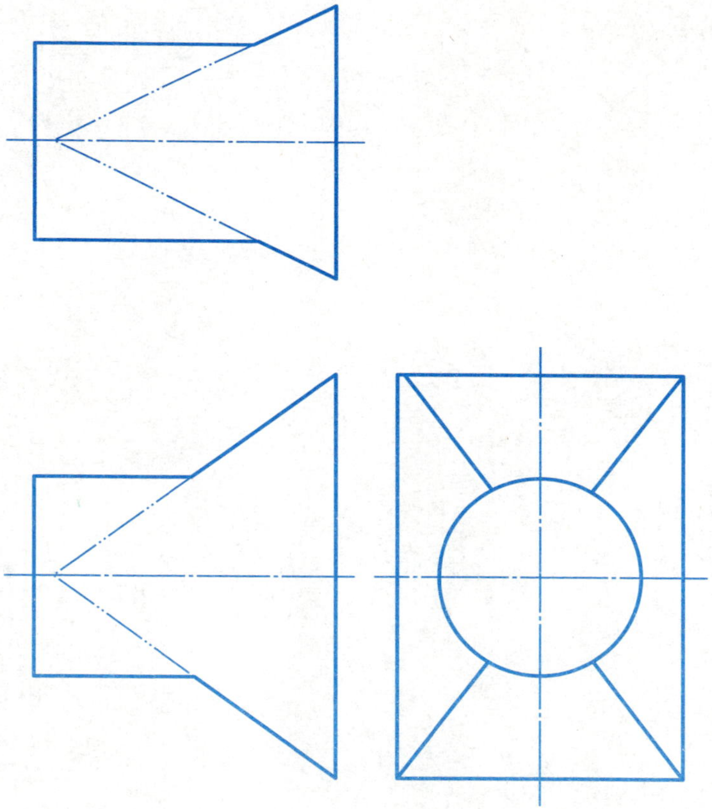

班级：　　　　姓名：　　　　学号：

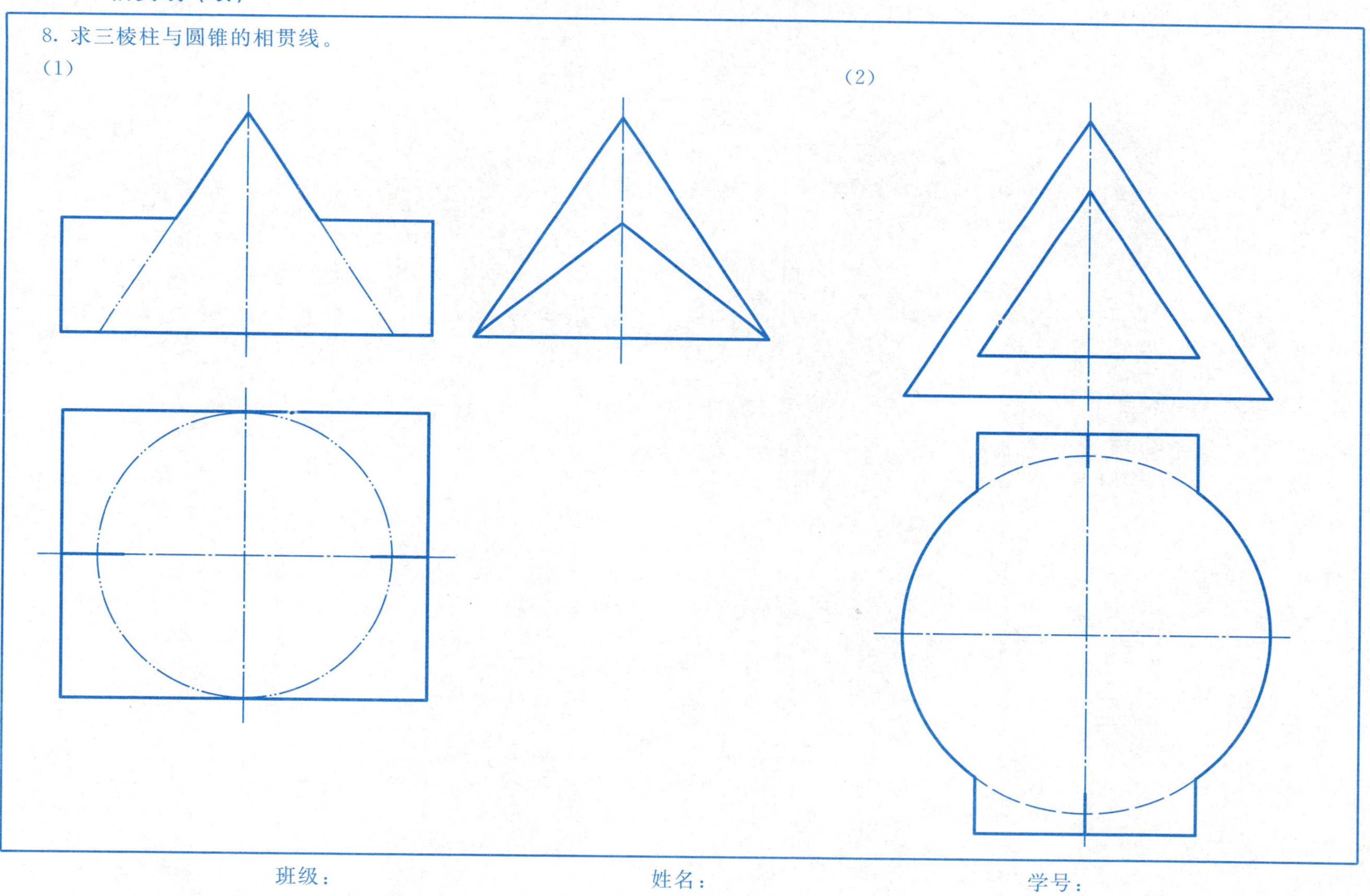

班级：　　　　姓名：　　　　学号：

3－3 相贯线（续）

9. 求四棱柱与半球的相贯线。

10. 求三棱柱与半球的相贯线。

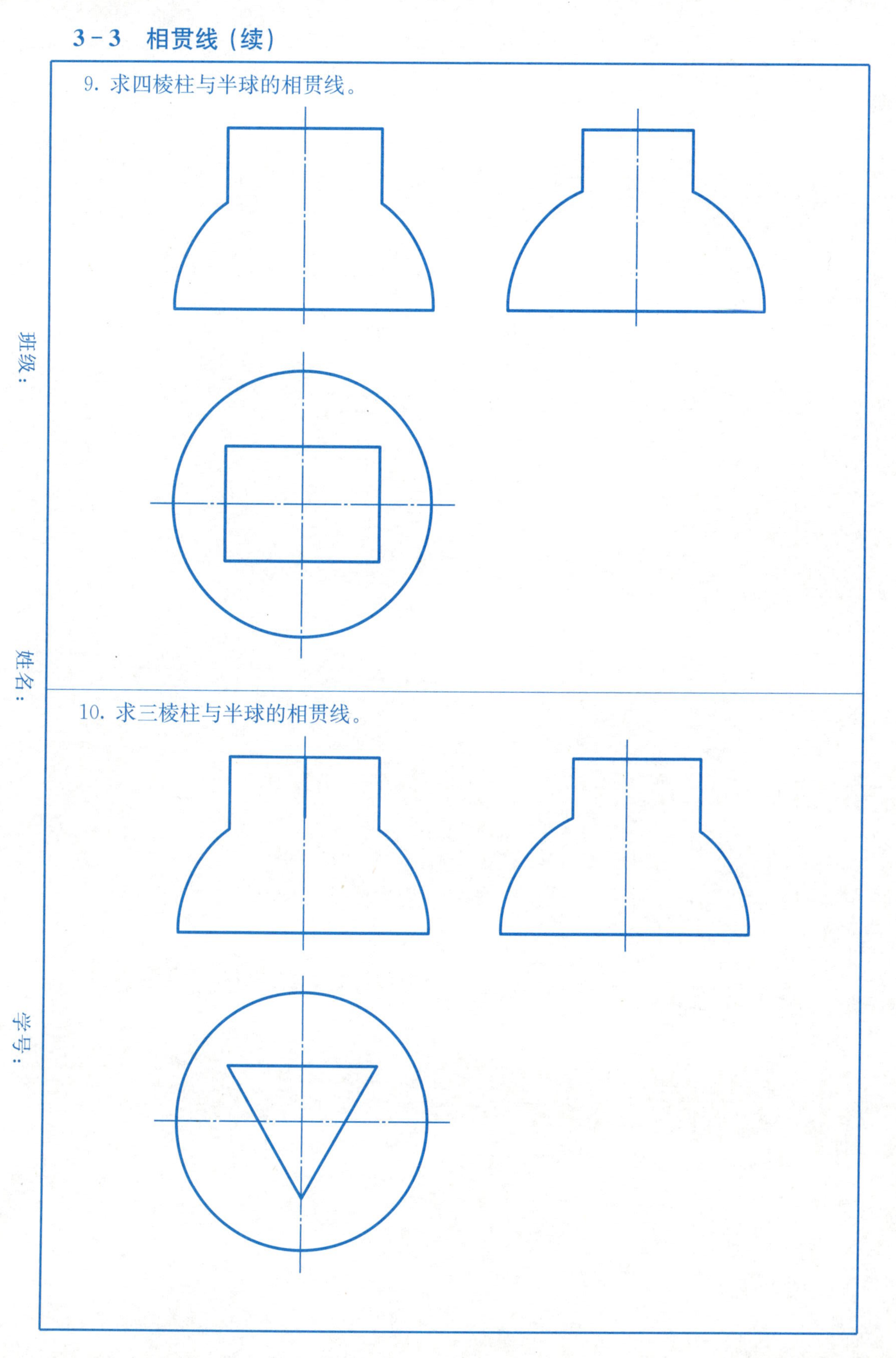

班级：　　　　姓名：　　　　学号：

3-3 相贯线（续）

11. 求两正交圆柱的相贯线。

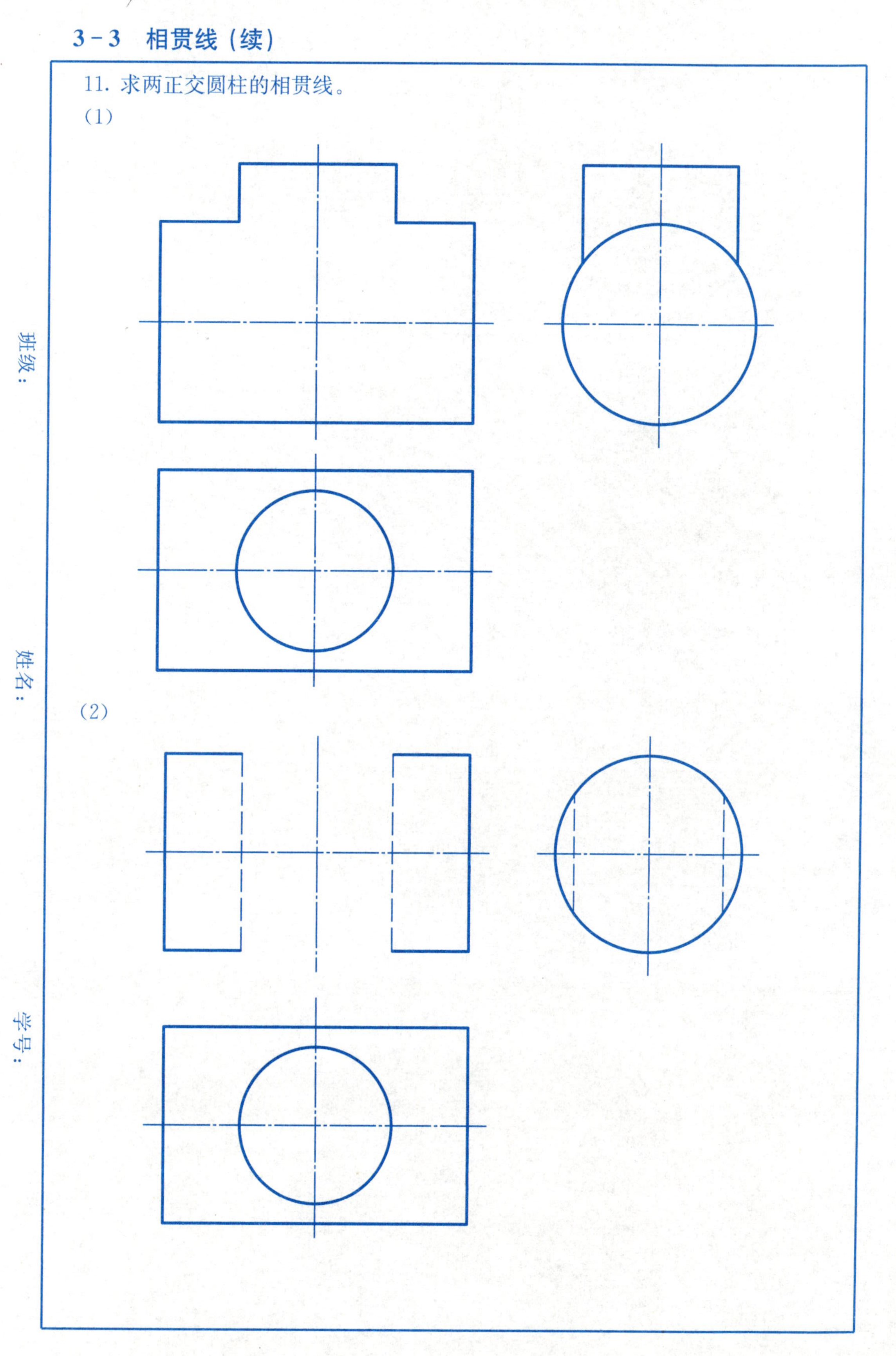

班级：　　　　　　　　姓名：　　　　　　　　学号：

3-3 相贯线（续）

12. 求两圆柱的相贯线。

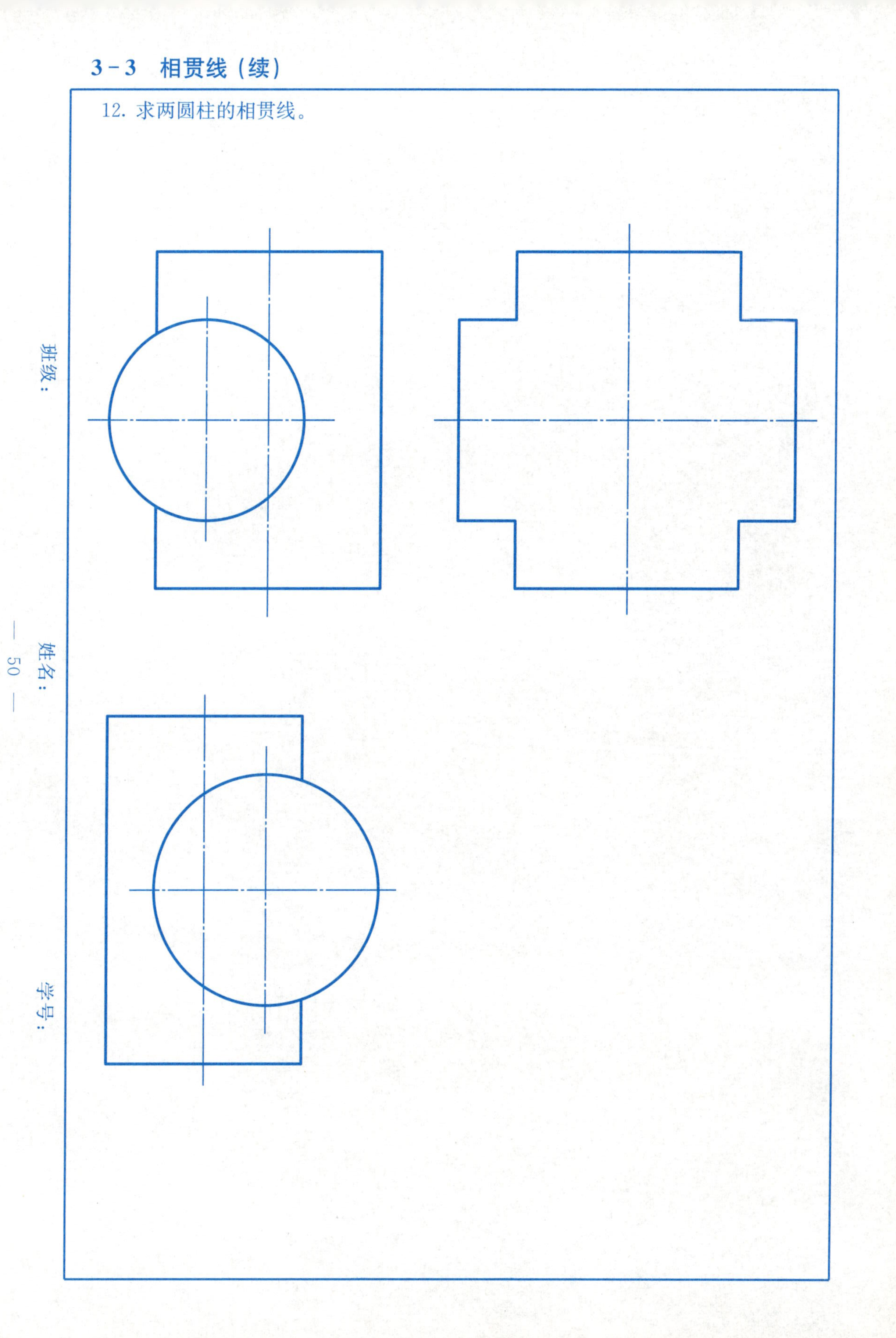

班级：　　　　　　　　　　姓名：　　　　　　　　　　学号：

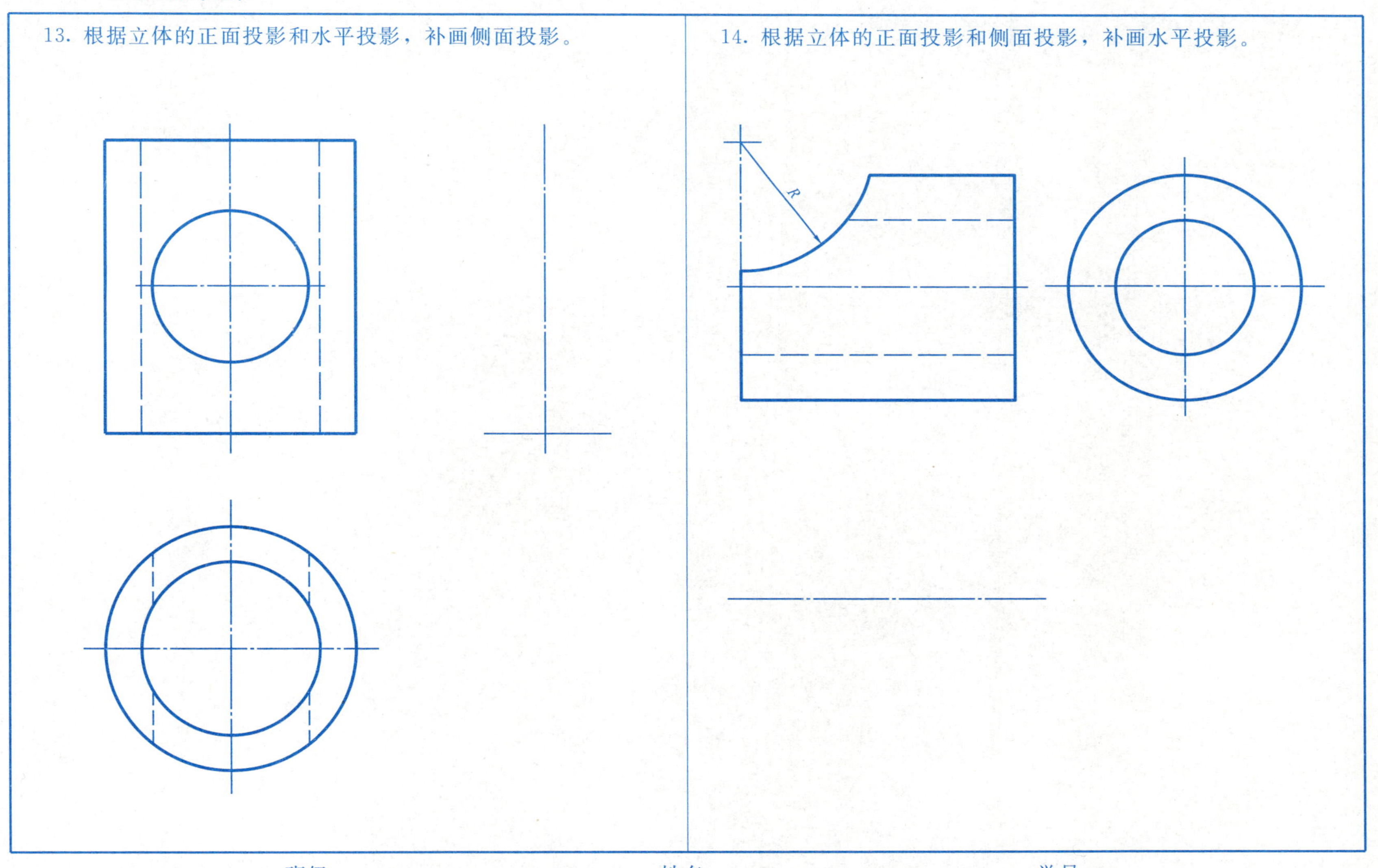

班级：　　　　　　　　姓名：　　　　　　　　学号：

15. 求圆柱与圆锥的相贯线。

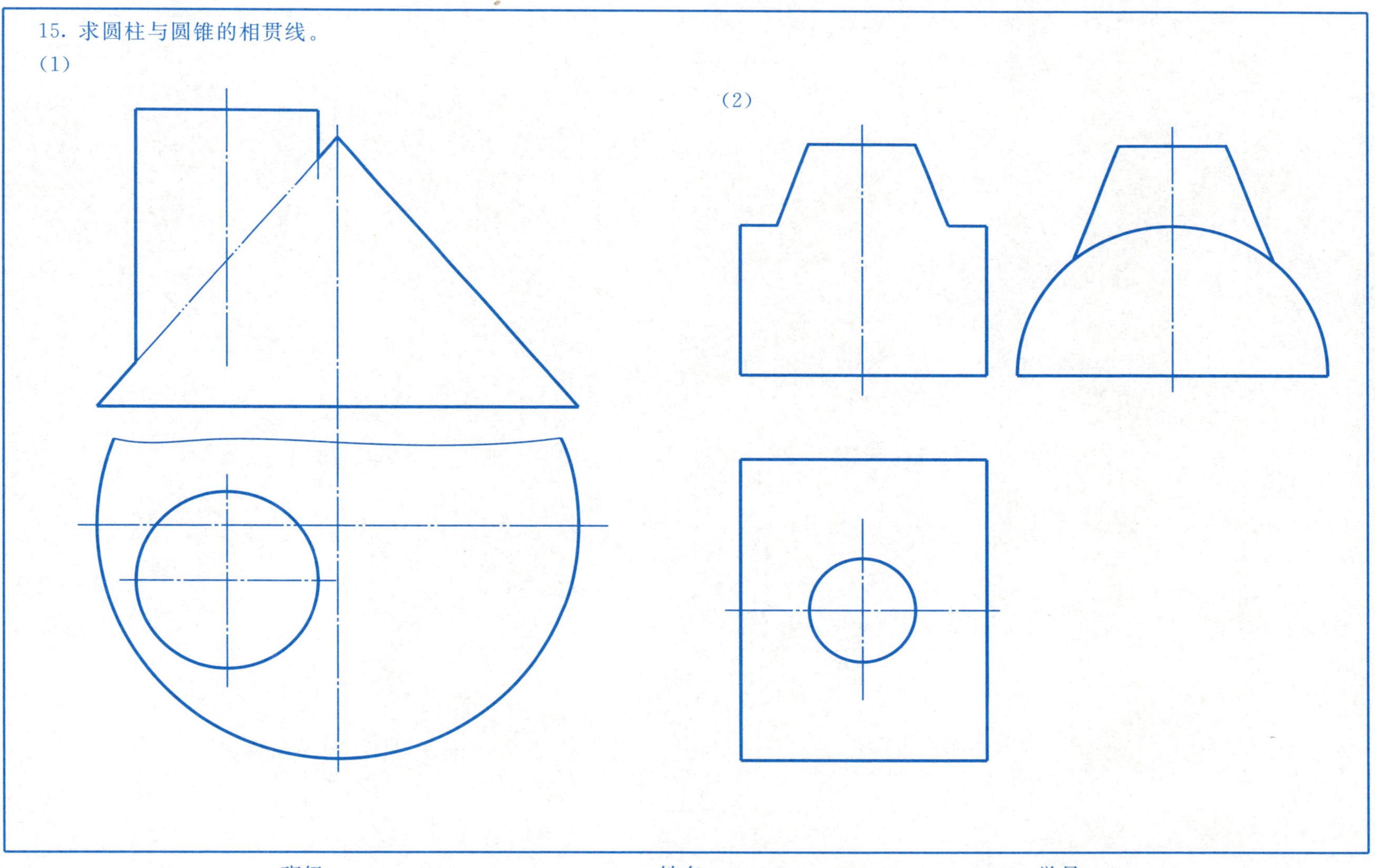

班级：　　　　　　　　　　姓名：　　　　　　　　　　学号：

16. 求圆柱与球的相贯线。

17. 求圆锥与球的相贯线。

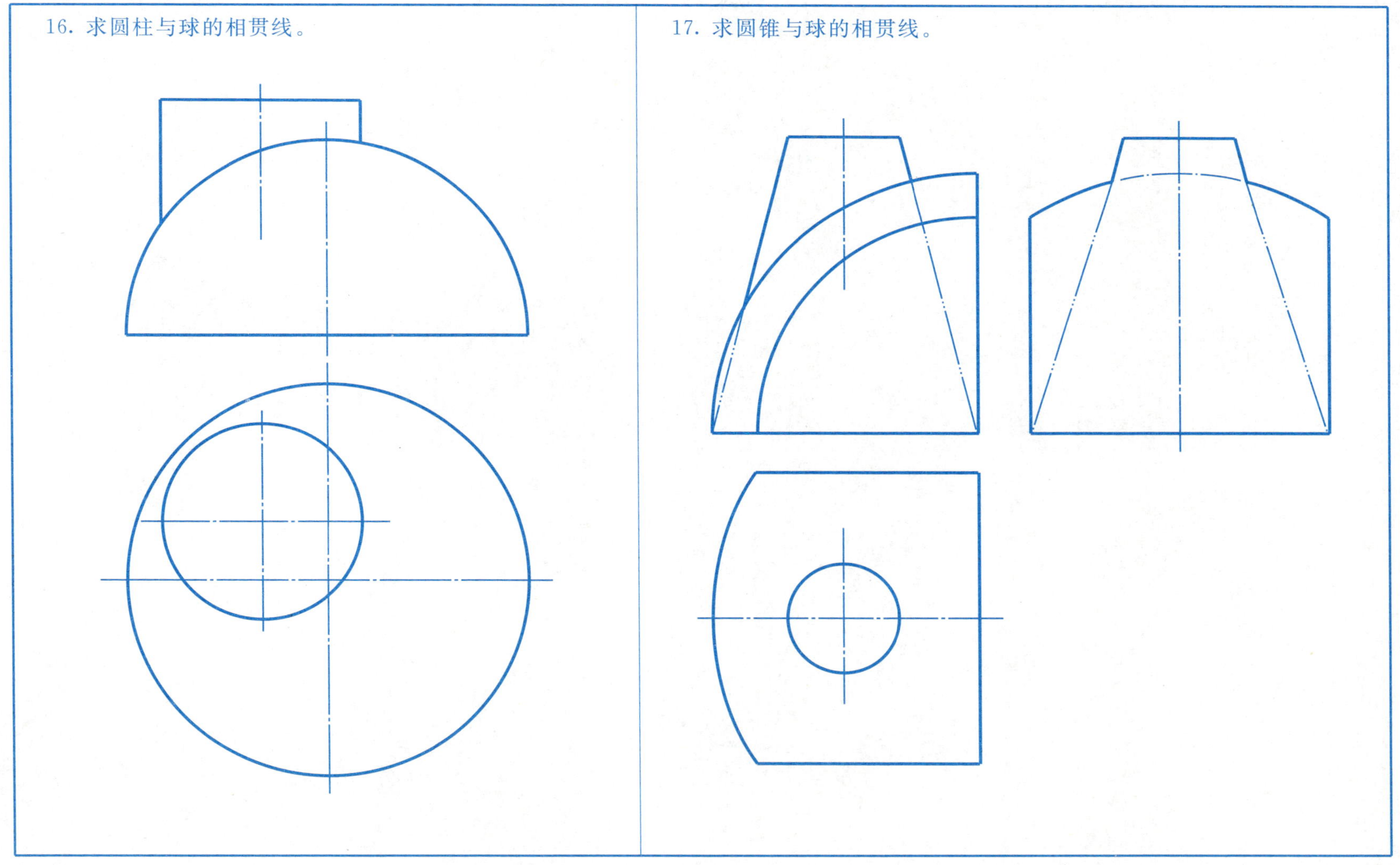

班级： 姓名： 学号：

18. 分析相贯线的形状，画出相贯线的投影。

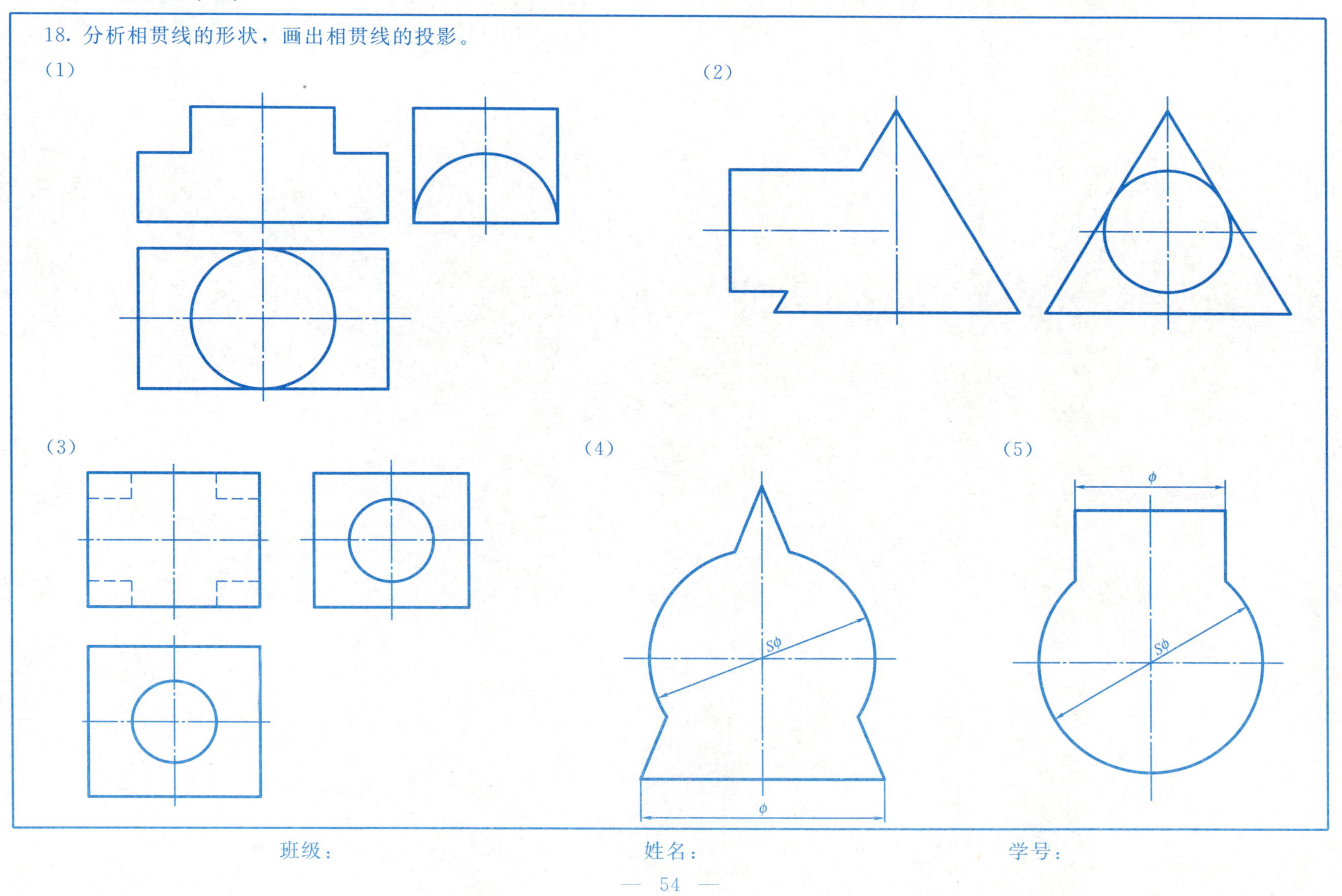

班级：　　　　　　姓名：　　　　　　学号：

19. 求组合形体的相贯线。

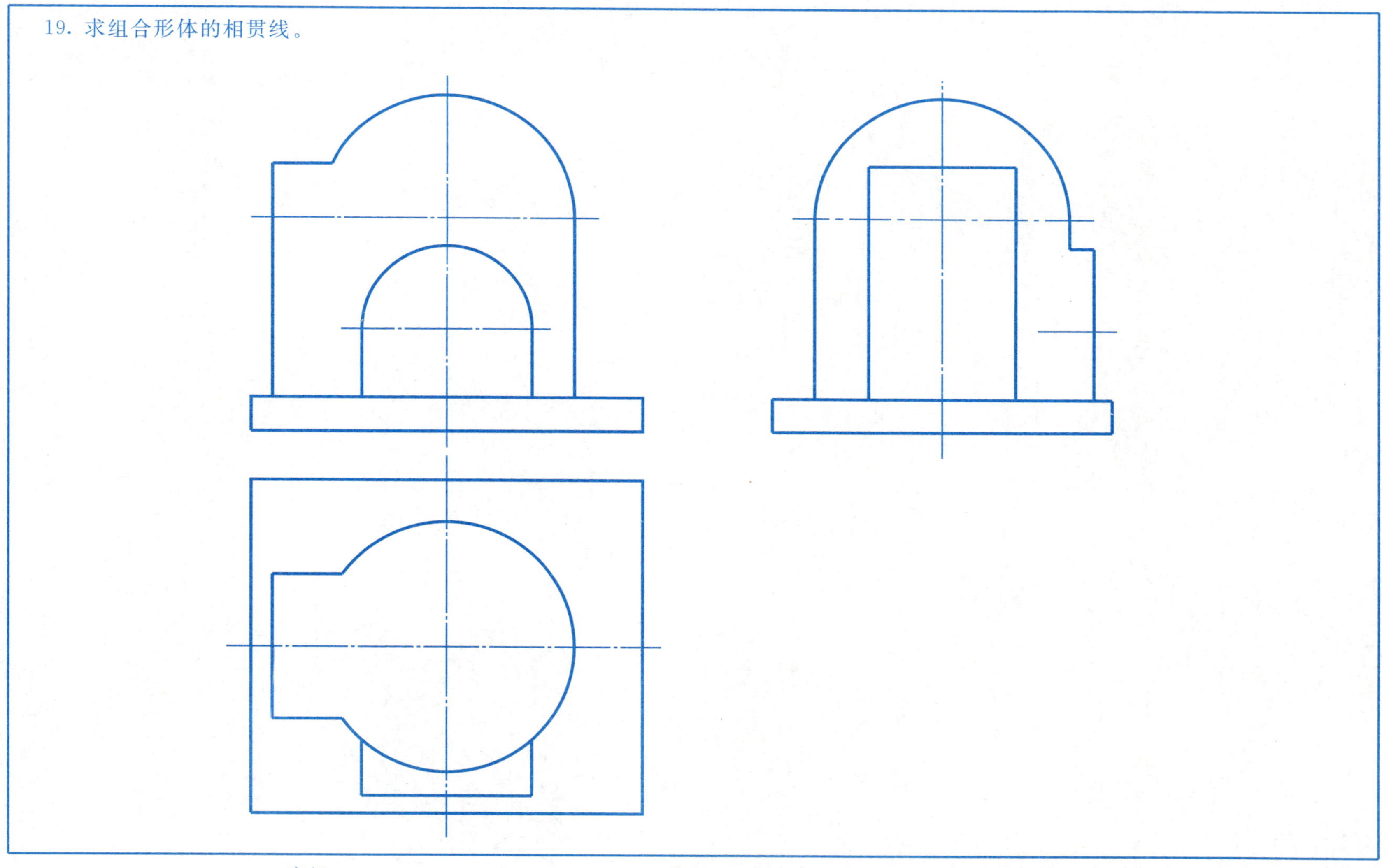

班级：　　　　　　　　　　姓名：　　　　　　　　　　学号：

第四章 组 合 体

4-1 参照立体图补画投影图中所缺的线条

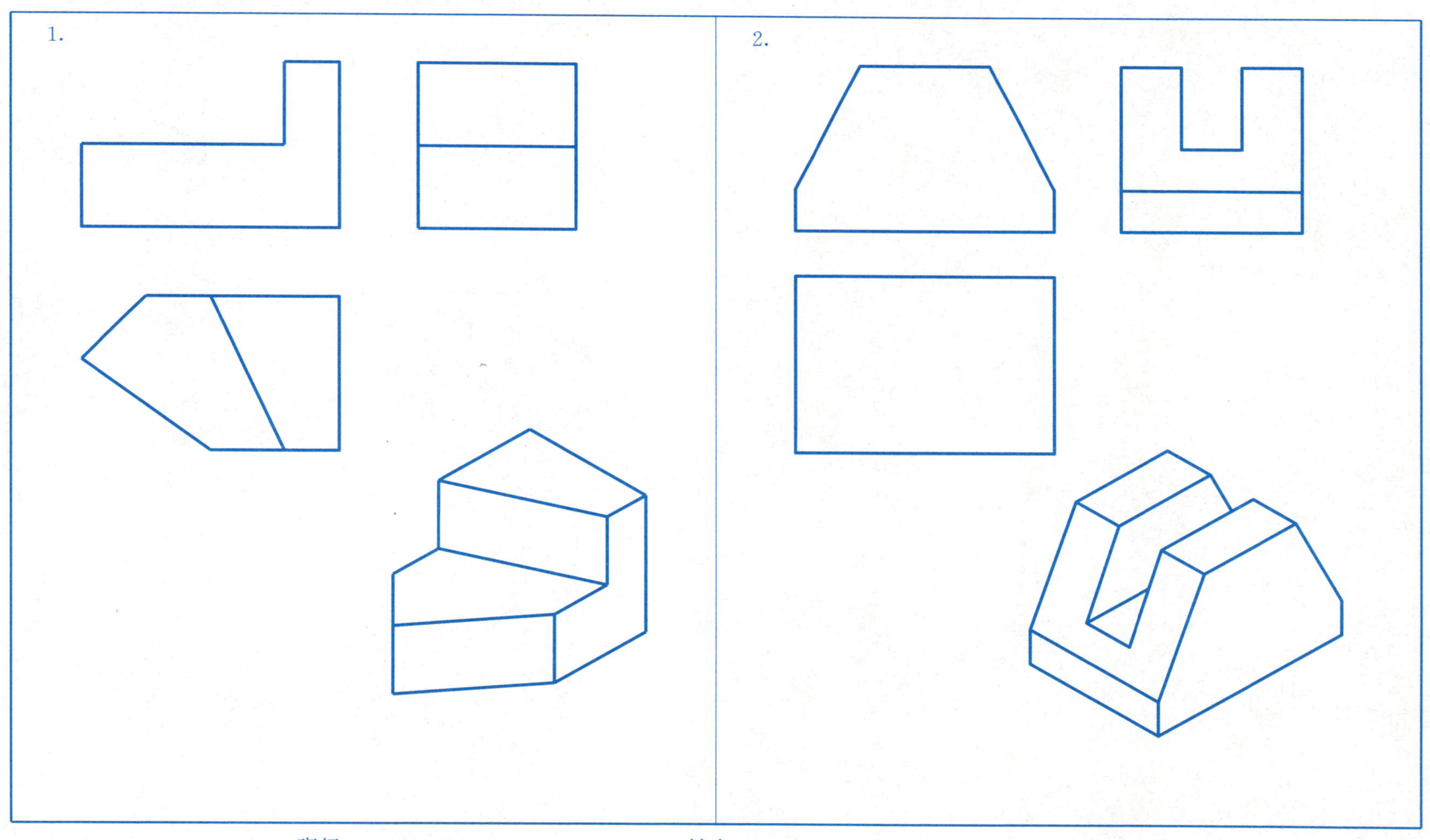

班级： 姓名： 学号：

4-1 参照立体图补画投影图中所缺的线条（续）

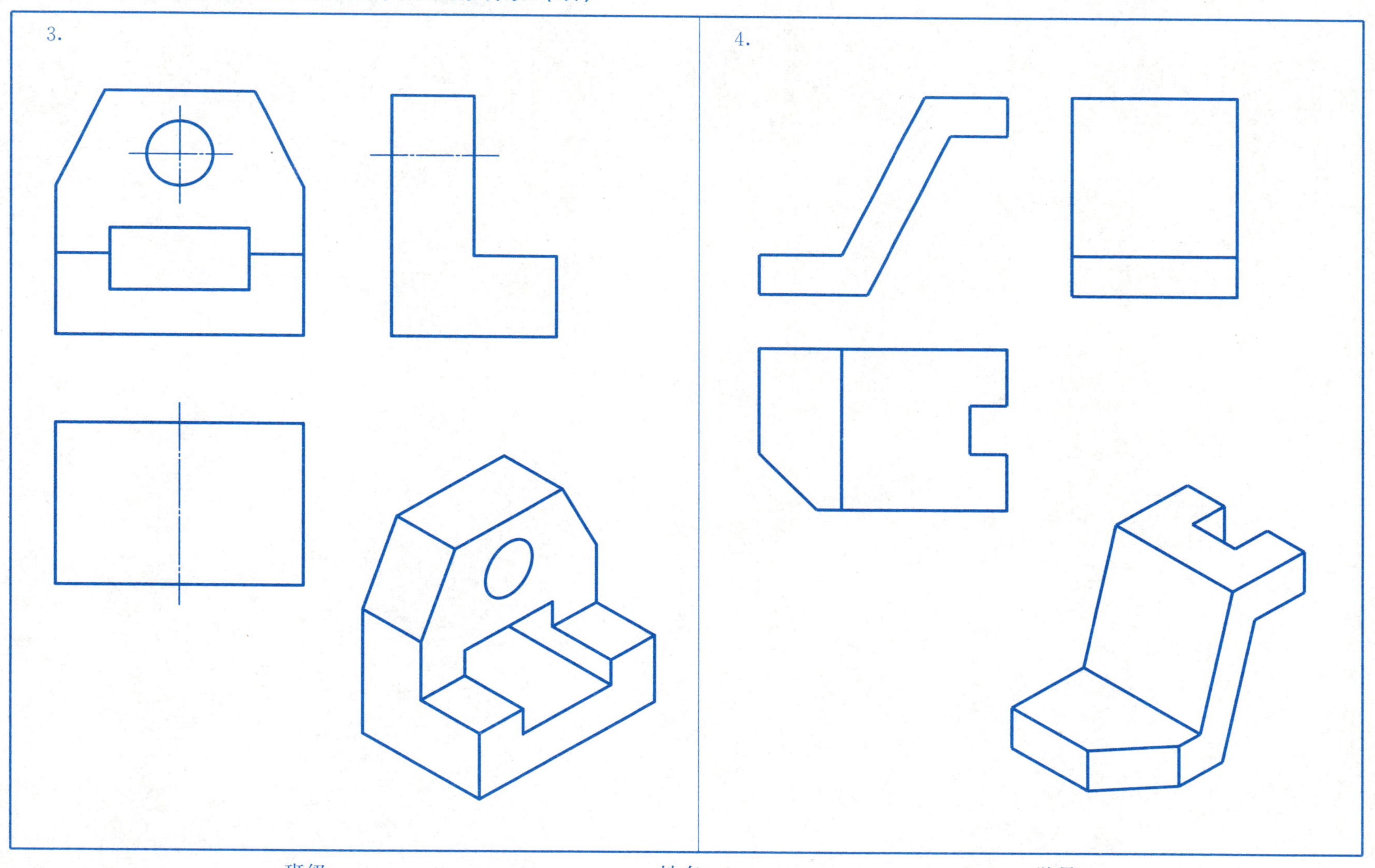

班级：　　　　姓名：　　　　学号：

4-2 根据两面投影，参照立体图，补画出组合体的第三投影

1.

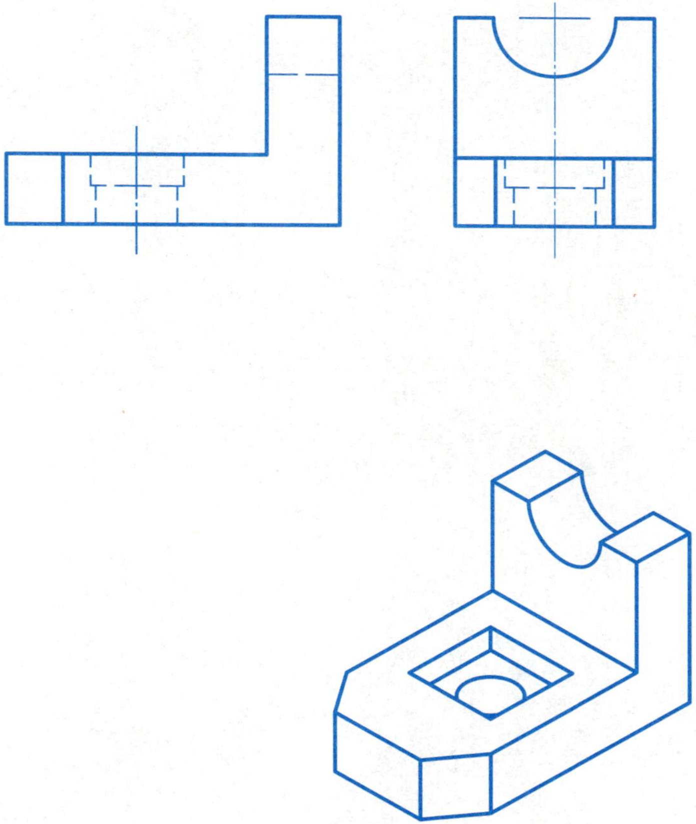

2.

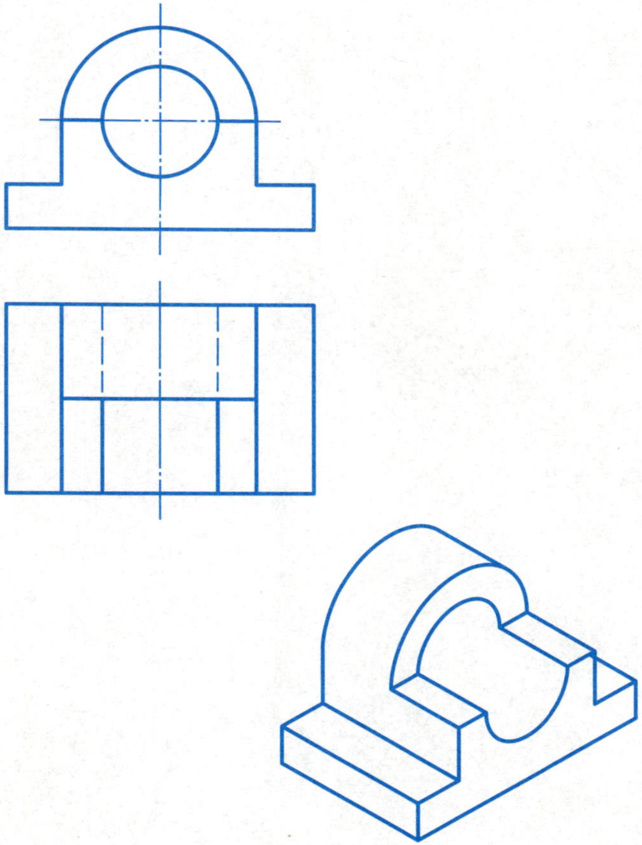

班级：　　　　　　　　　　　姓名：　　　　　　　　　　　学号：

4－2　根据两面投影，参照立体图，补画出组合体的第三投影（续）

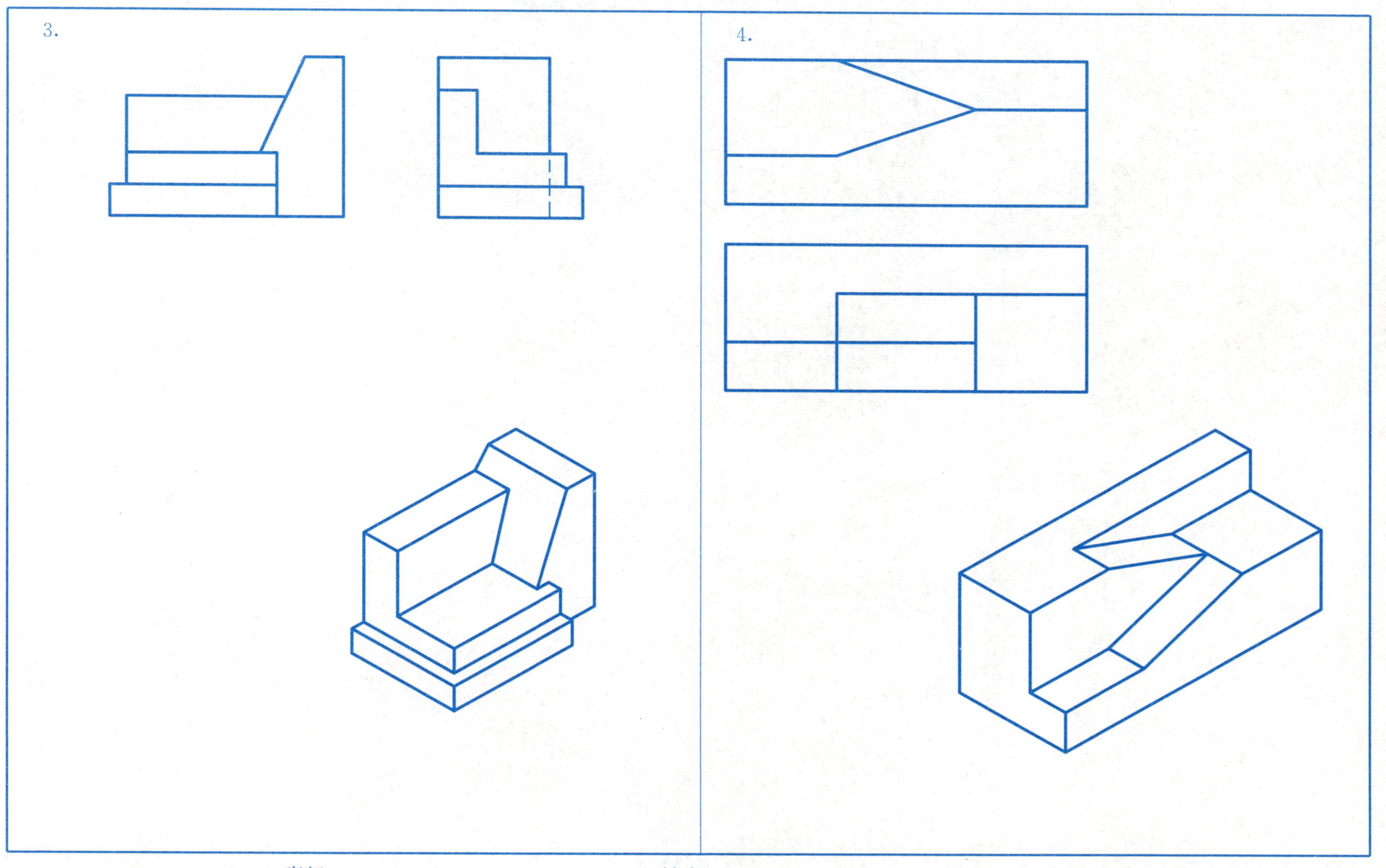

班级：　　　　　　　　　　　　姓名：　　　　　　　　　　　　学号：

4-3 根据立体图用 1∶1 的比例画出组合体的三面投影图

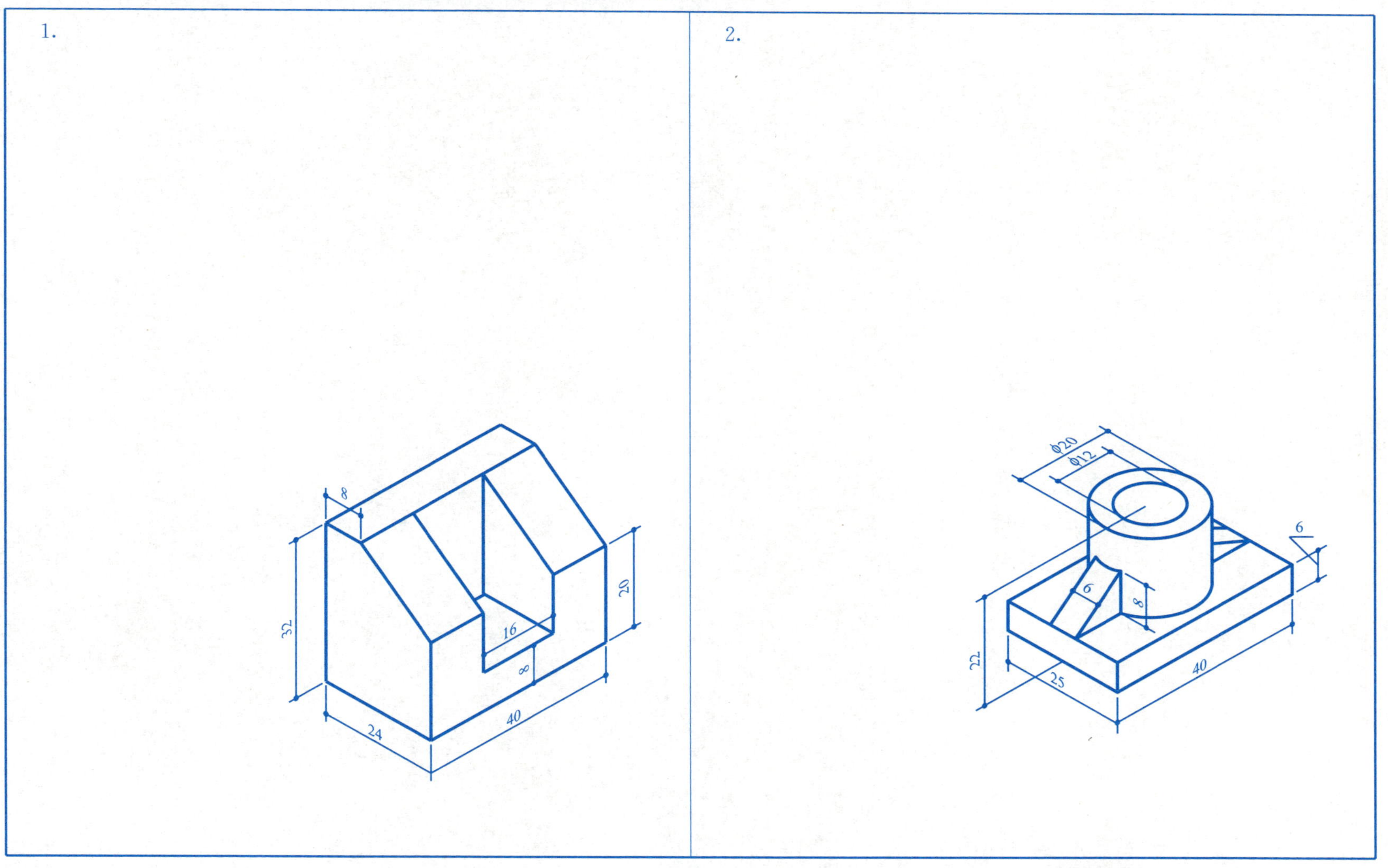

班级： 姓名： 学号：

4-3　根据立体图用 1∶1 的比例画出组合体的三面投影图（续）

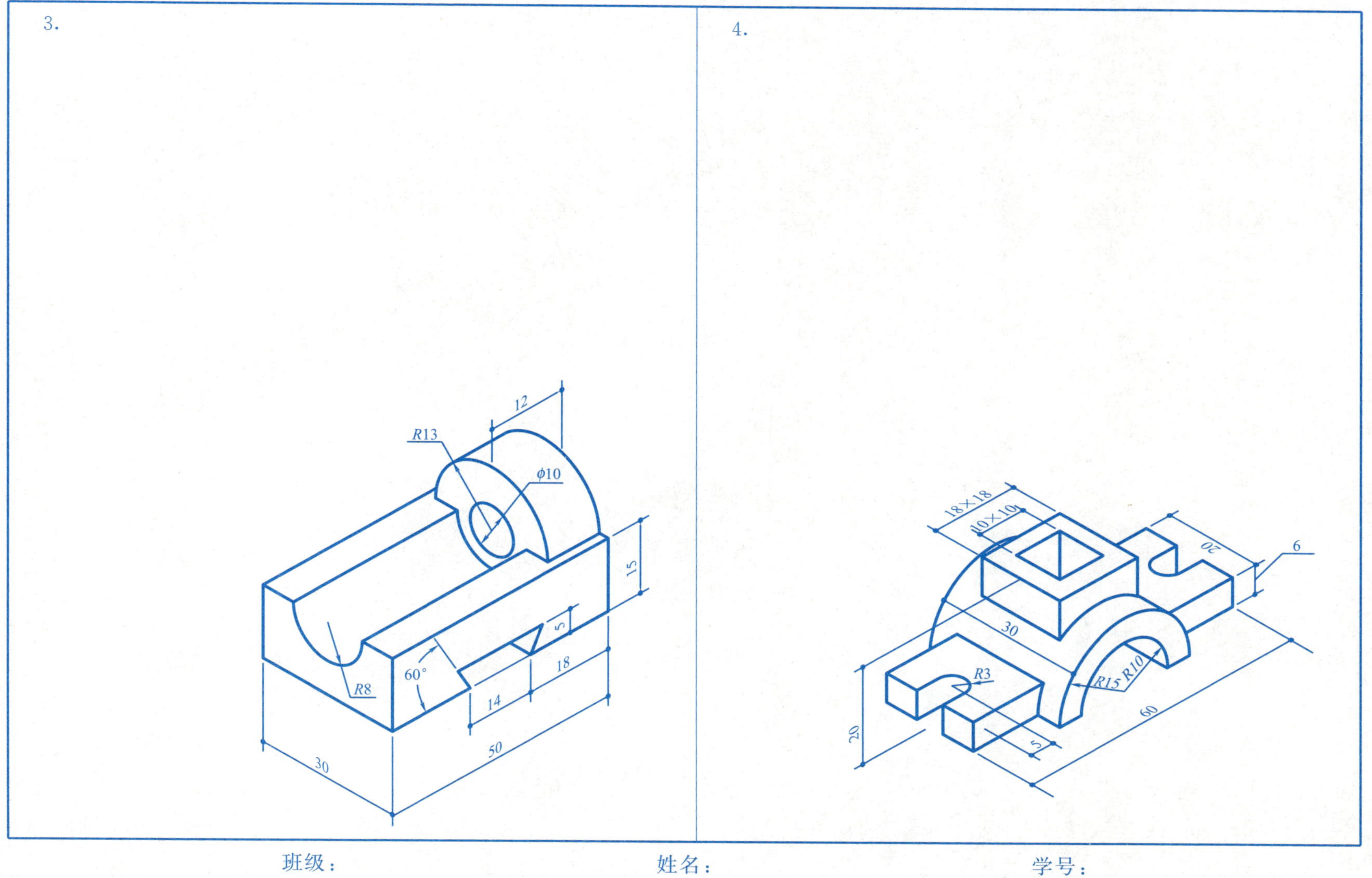

班级：　　　　姓名：　　　　学号：

4-3 根据立体图用 1∶1 的比例画出组合体的三面投影图（续）

5.

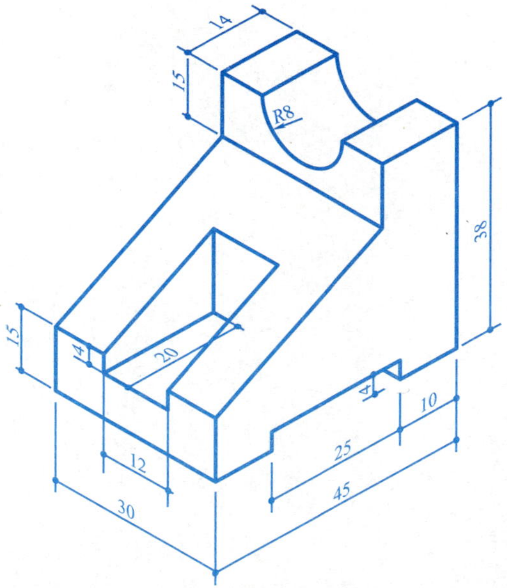

6.

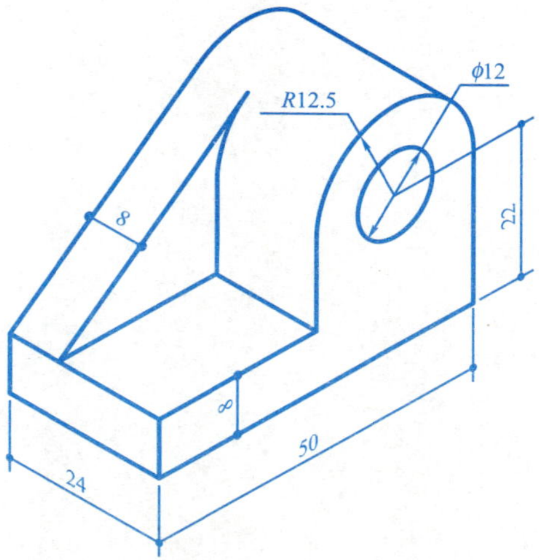

班级：　　　　　　　　　　　　　　　　姓名：　　　　　　　　　　　　　　　　学号：

4-4　补画投影图中所缺的线条

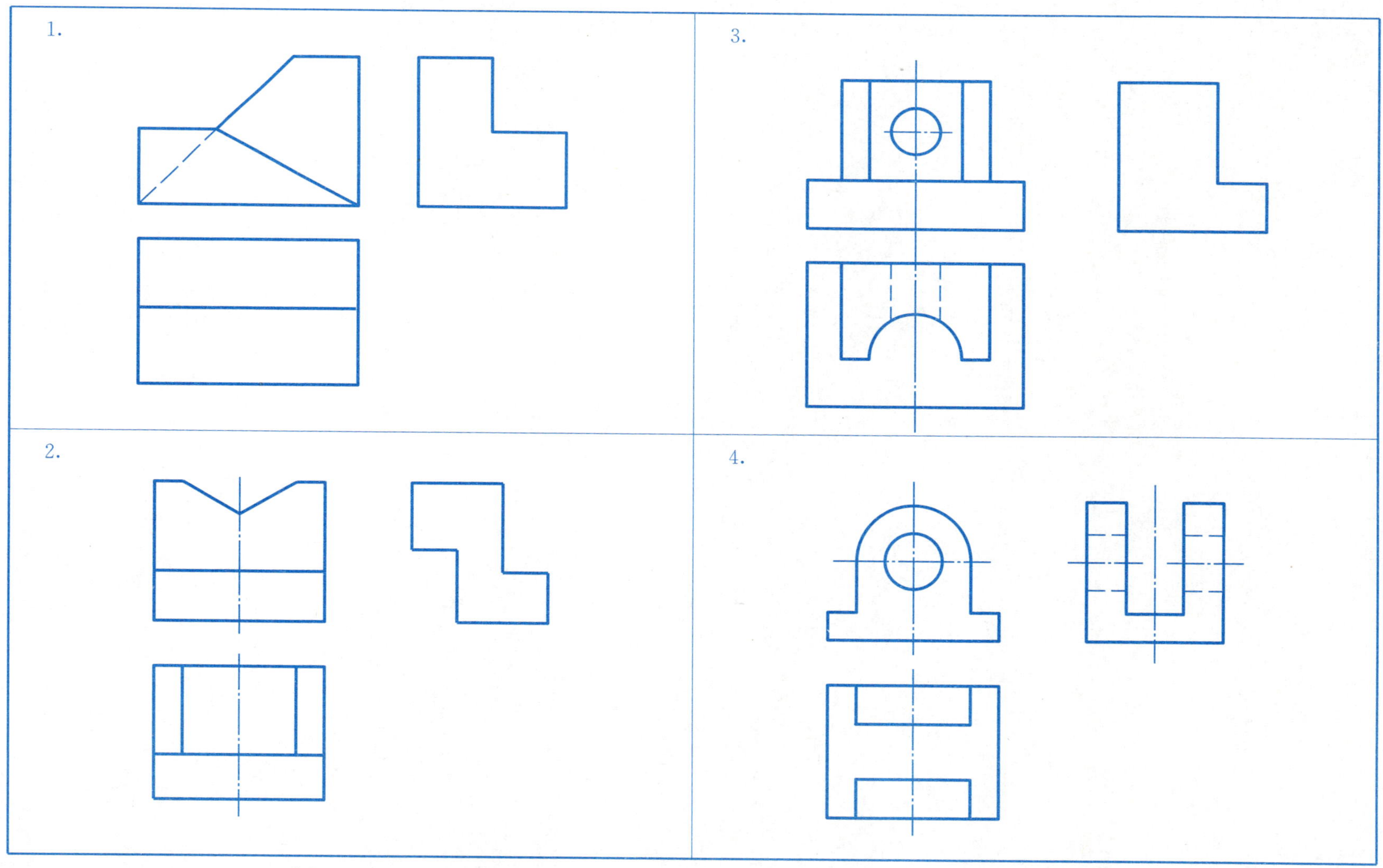

班级：　　　　　　　　姓名：　　　　　　　　学号：

4-4 补画投影图中所缺的线条（续）

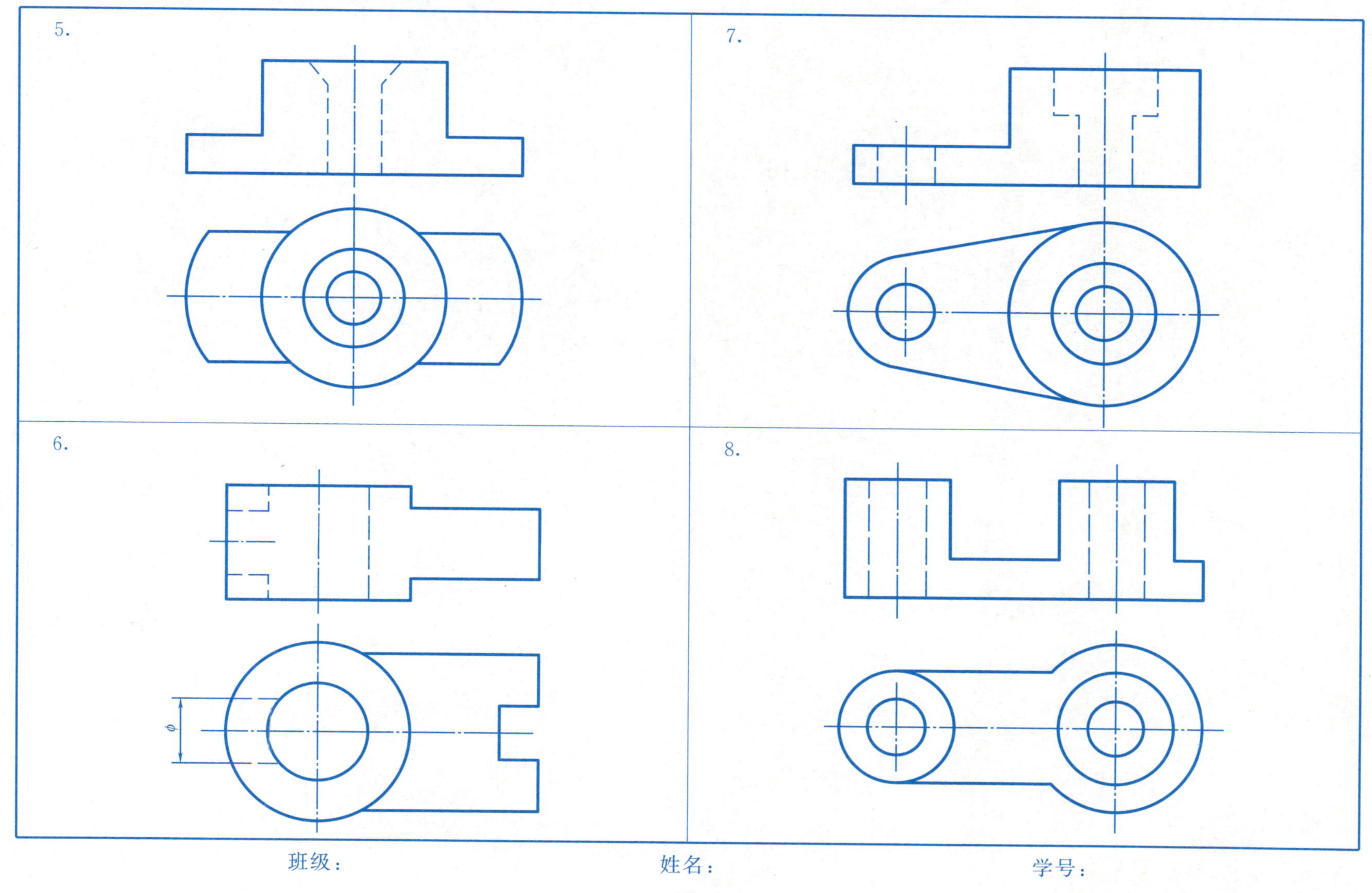

班级：　　　　　　　　　　姓名：　　　　　　　　　　学号：

4－5　根据两面投影补画第三投影

1.

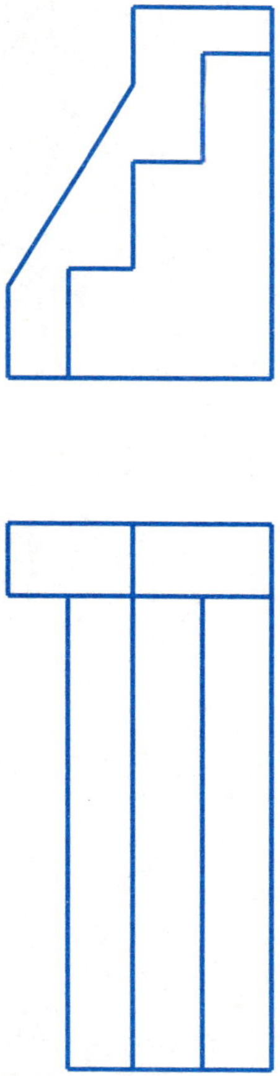

2.

班级：　　　　姓名：　　　　学号：

4－5　根据两面投影补画第三投影（续）

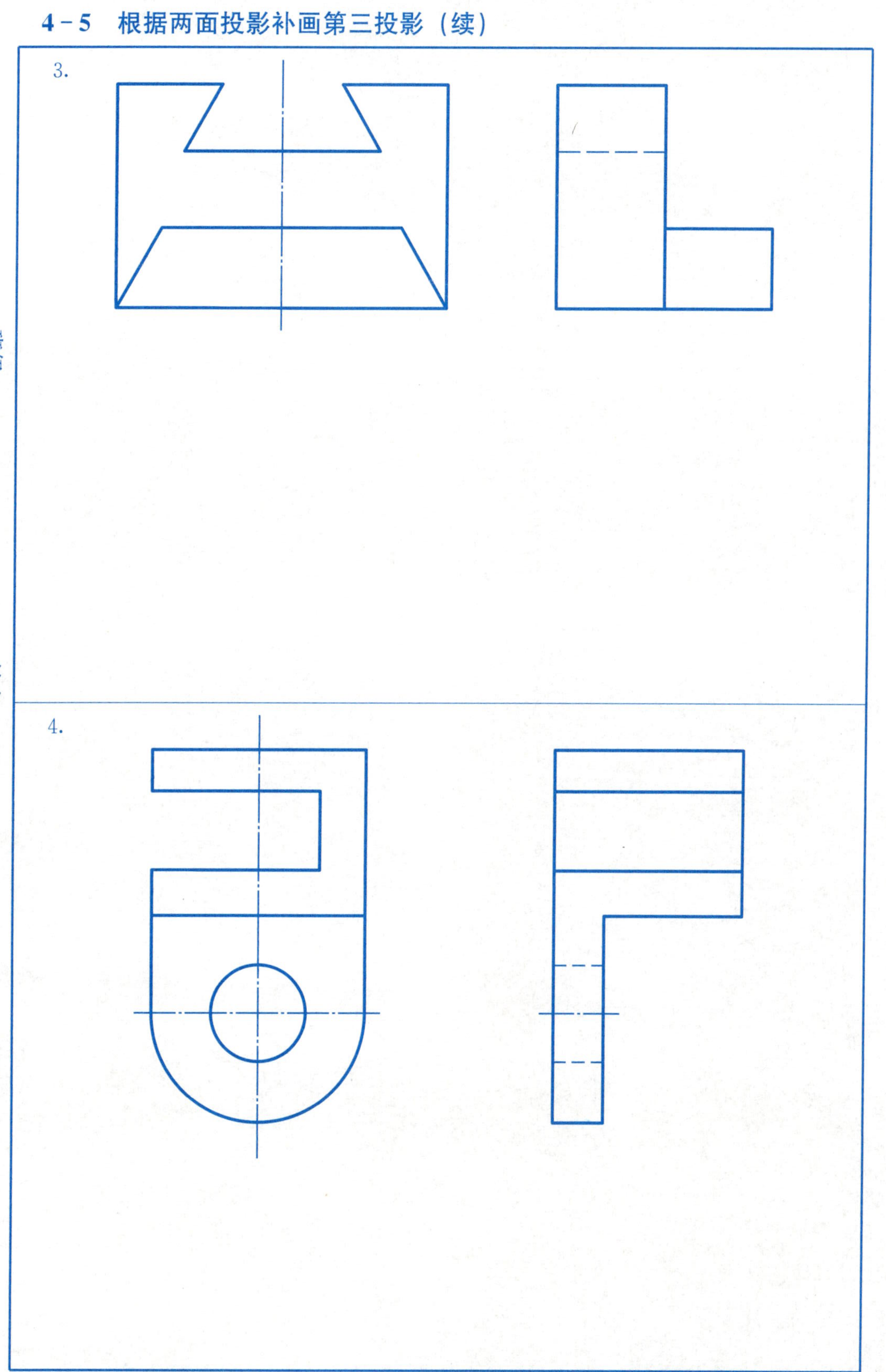

班级：　　　　　　　　　　姓名：　　　　　　　　　　学号：

4－5 根据两面投影补画第三投影（续）

5.

6.

班级：　　　　姓名：　　　　学号：

4-5 根据两面投影补画第三投影（续）

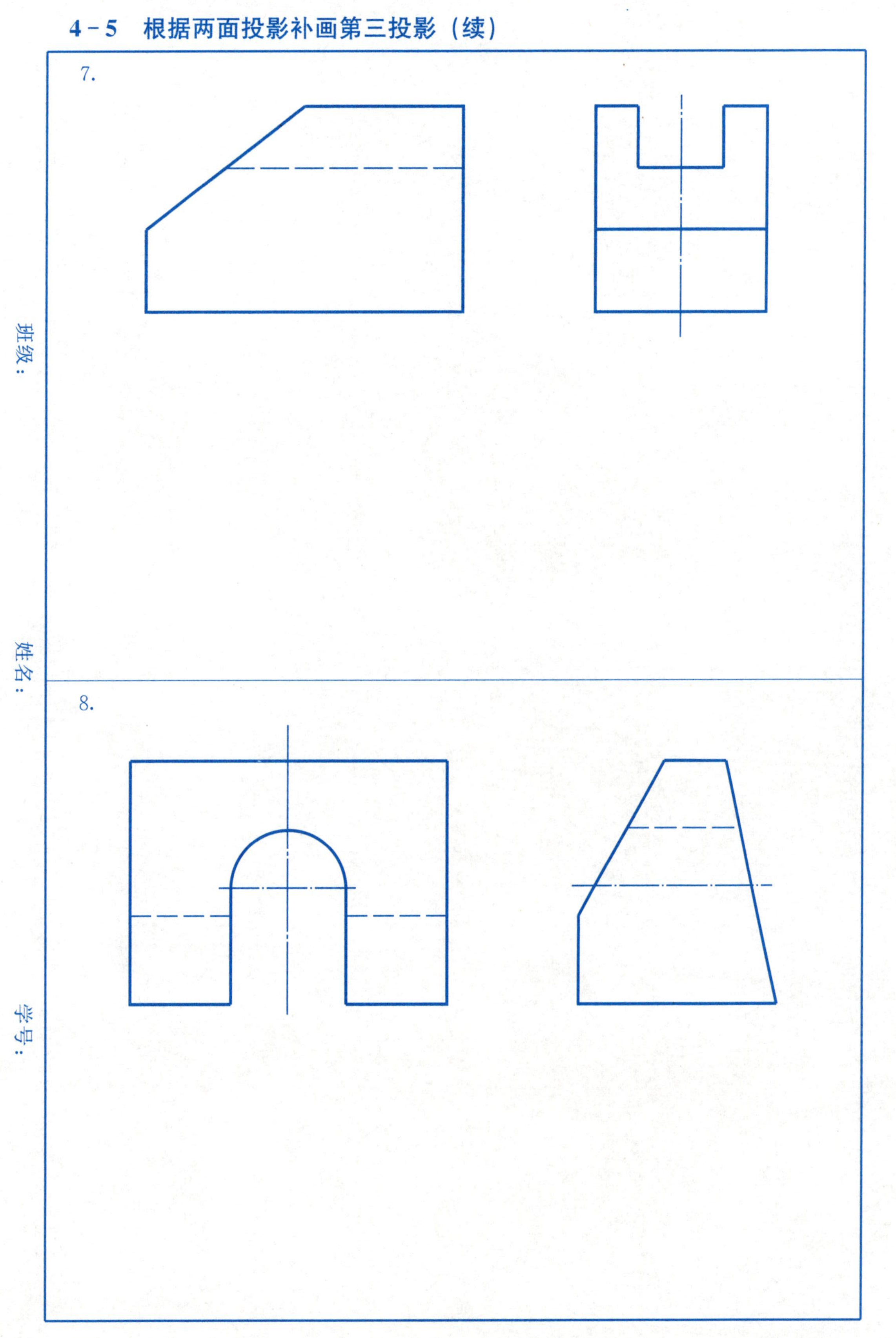

班级：　　　　　　　　姓名：　　　　　　　　学号：

4-5 根据两面投影补画第三投影（续）

9.

10.

4－5　根据两面投影补画第三投影（续）

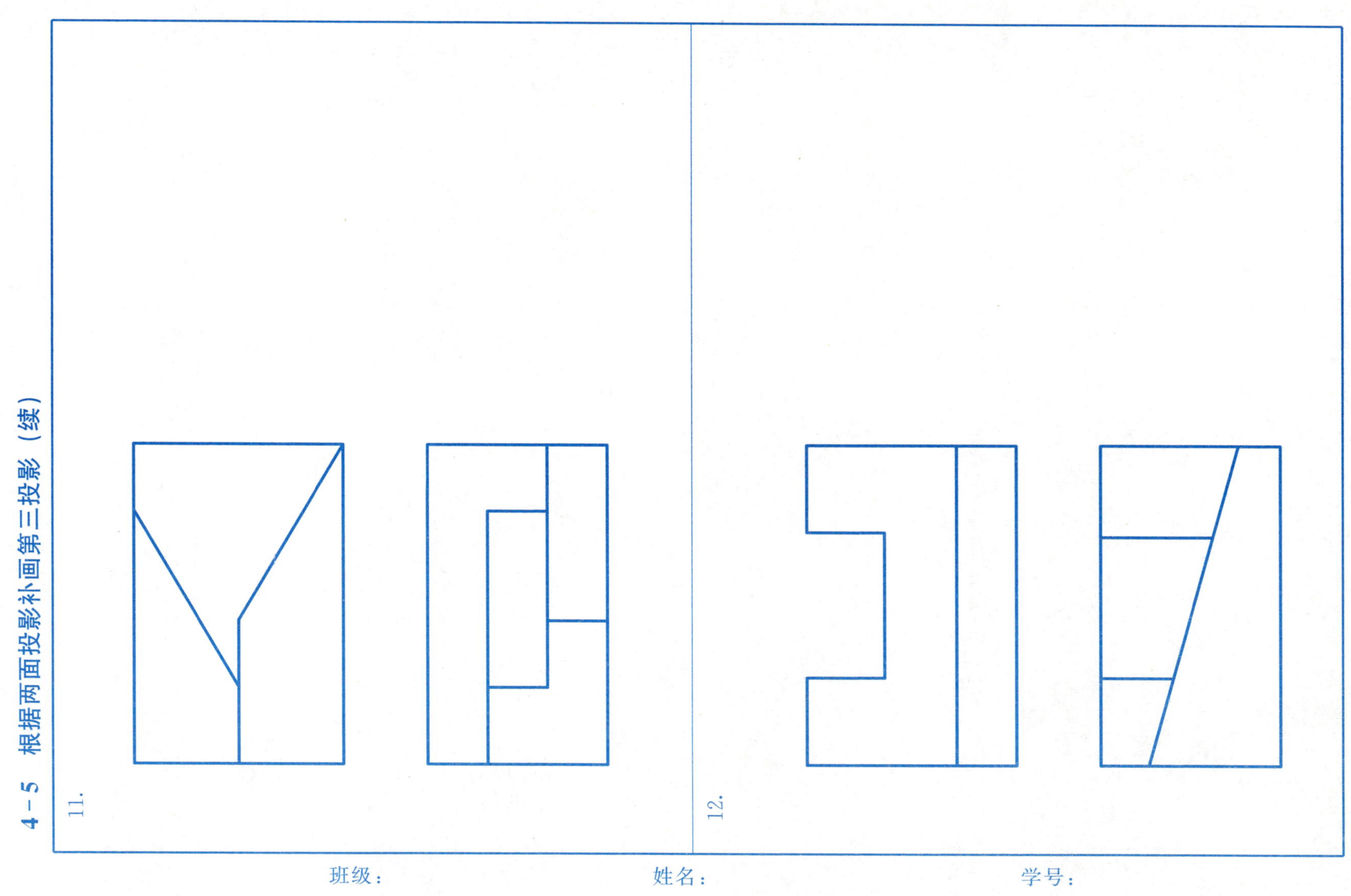

班级：　　　　　　　　　　　　姓名：　　　　　　　　　　　　学号：

4－5 根据两面投影补画第三投影（续）

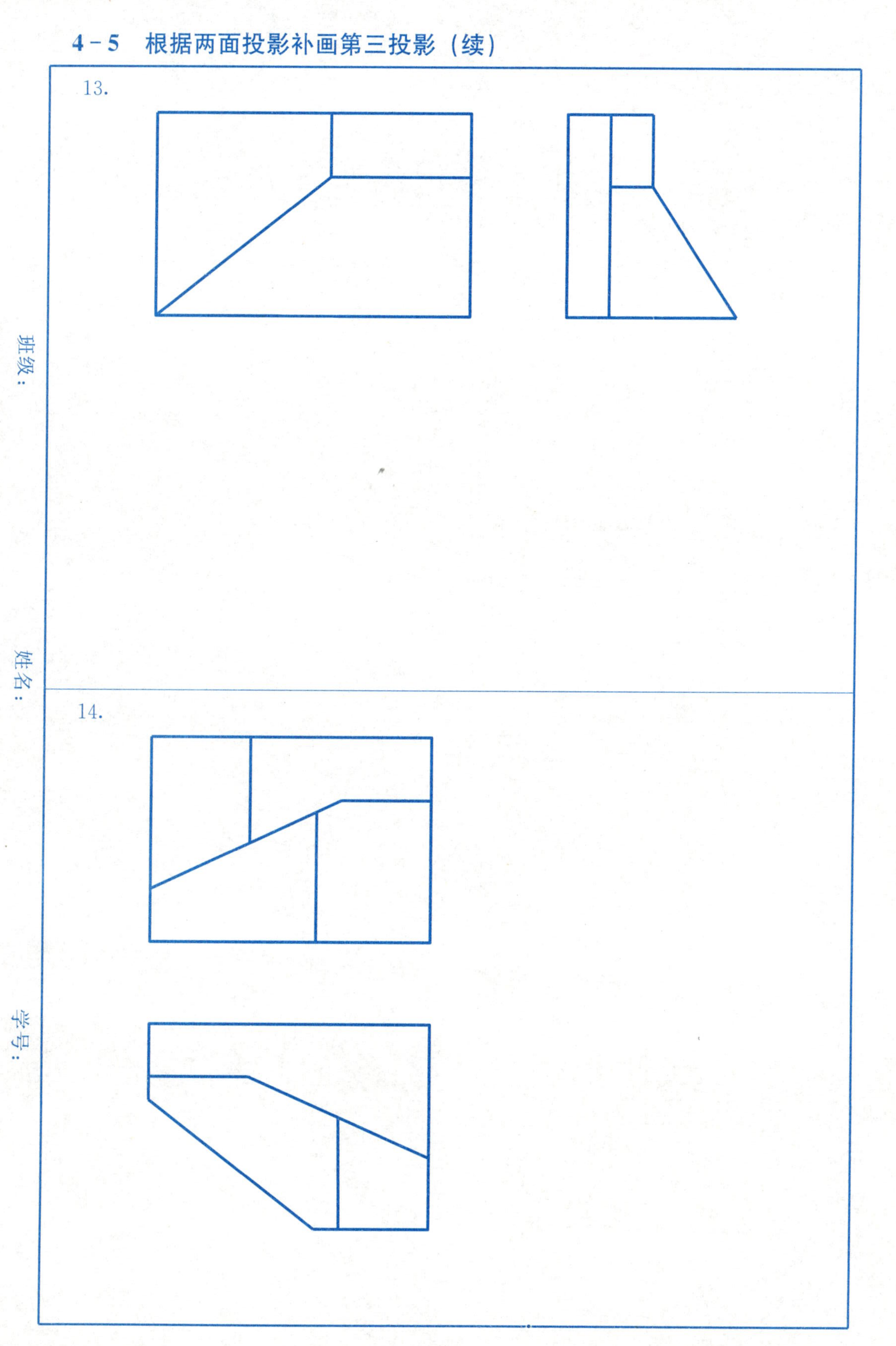

班级： 姓名： 学号：

4-5 根据两面投影补画第三投影（续）

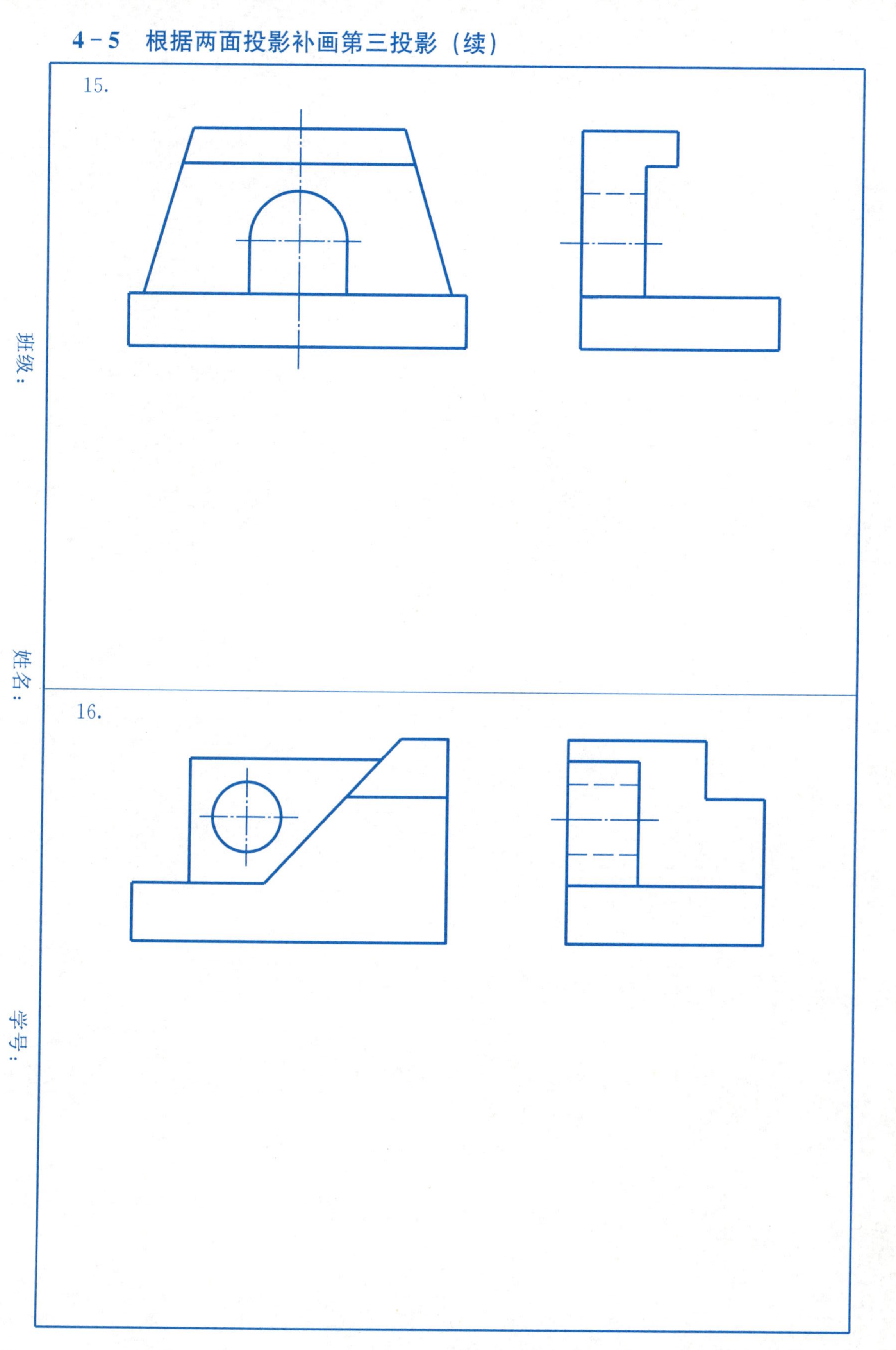

班级： 姓名： 学号：

4-6 补画第三投影并标注尺寸（尺寸按 1 : 1 在图上直接量取，取整数）

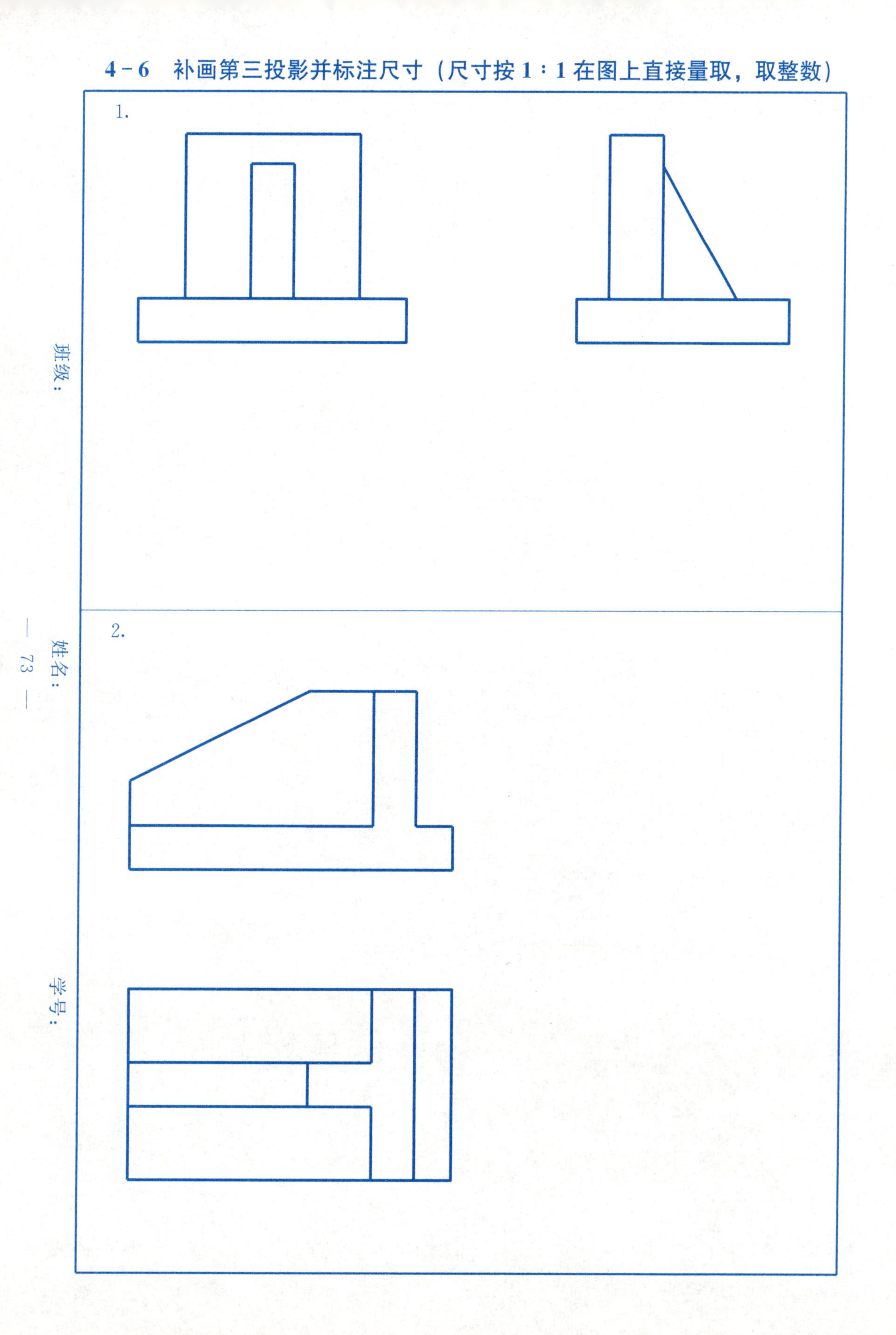

班级：　　　　　　　　姓名：　　　　　　　　学号：

4-6 补画第三投影并标注尺寸（尺寸按1∶1在图上直接量取，取整数）（续）

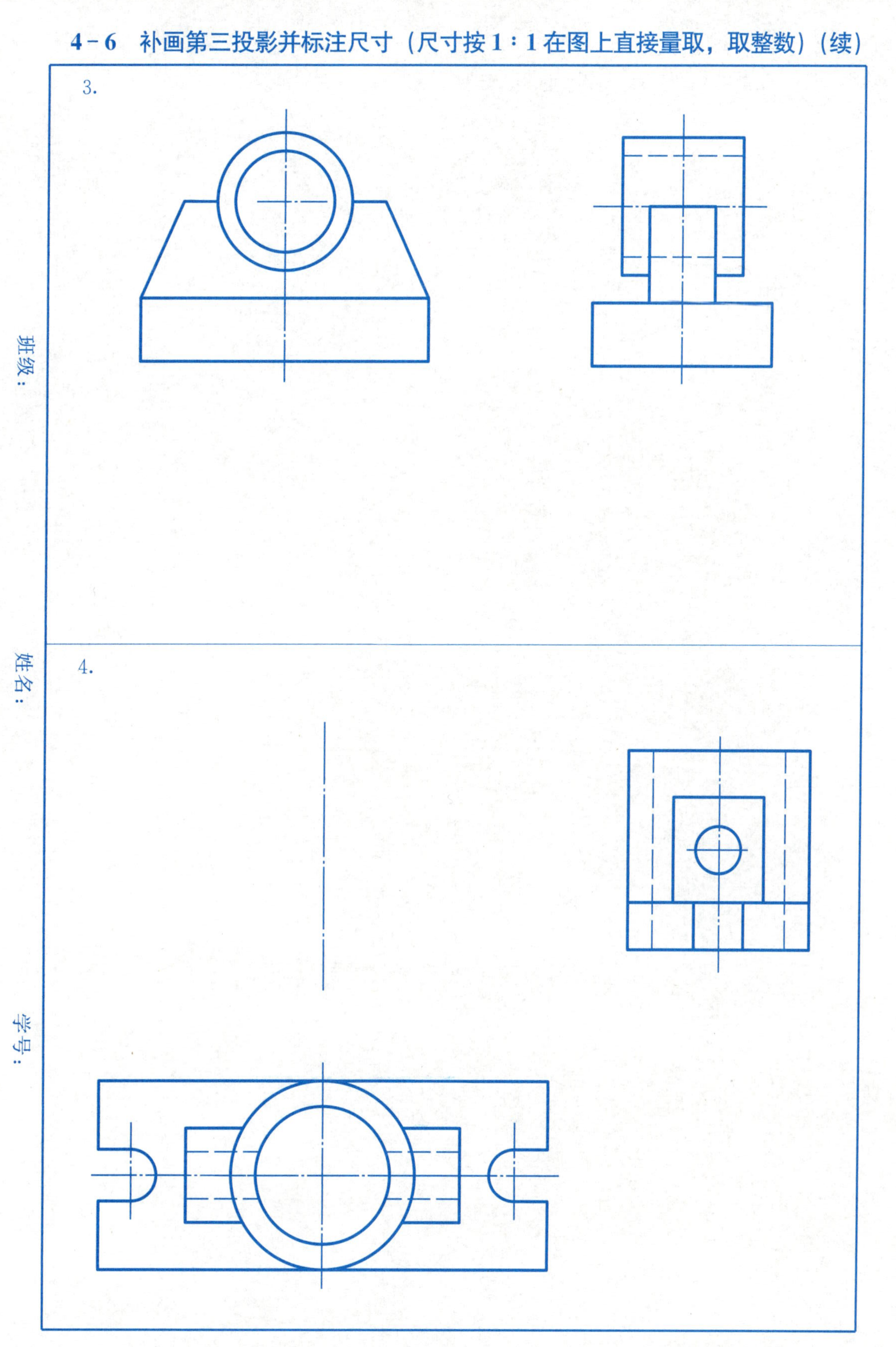

班级：　　　　　　　　姓名：　　　　　　　　学号：

4－7　组合体综合作图

根据轴测图在A3图纸上画出组合体的三面投影图，并标注尺寸（任选一个，比例自定）。

目的：通过画组合体的三面投影图，加深理解正投影中组合体与投影的对应关系及三面投影特性，并提高运用形体分析方法画图与标注尺寸的能力。

图名：组合体三面投影图。

要求：① 正面投影选择恰当，三个投影布局合理，投影正确。② 图面整洁、线型符合国标。③ 尺寸标注要正确、完整、清晰，符合标准规定。

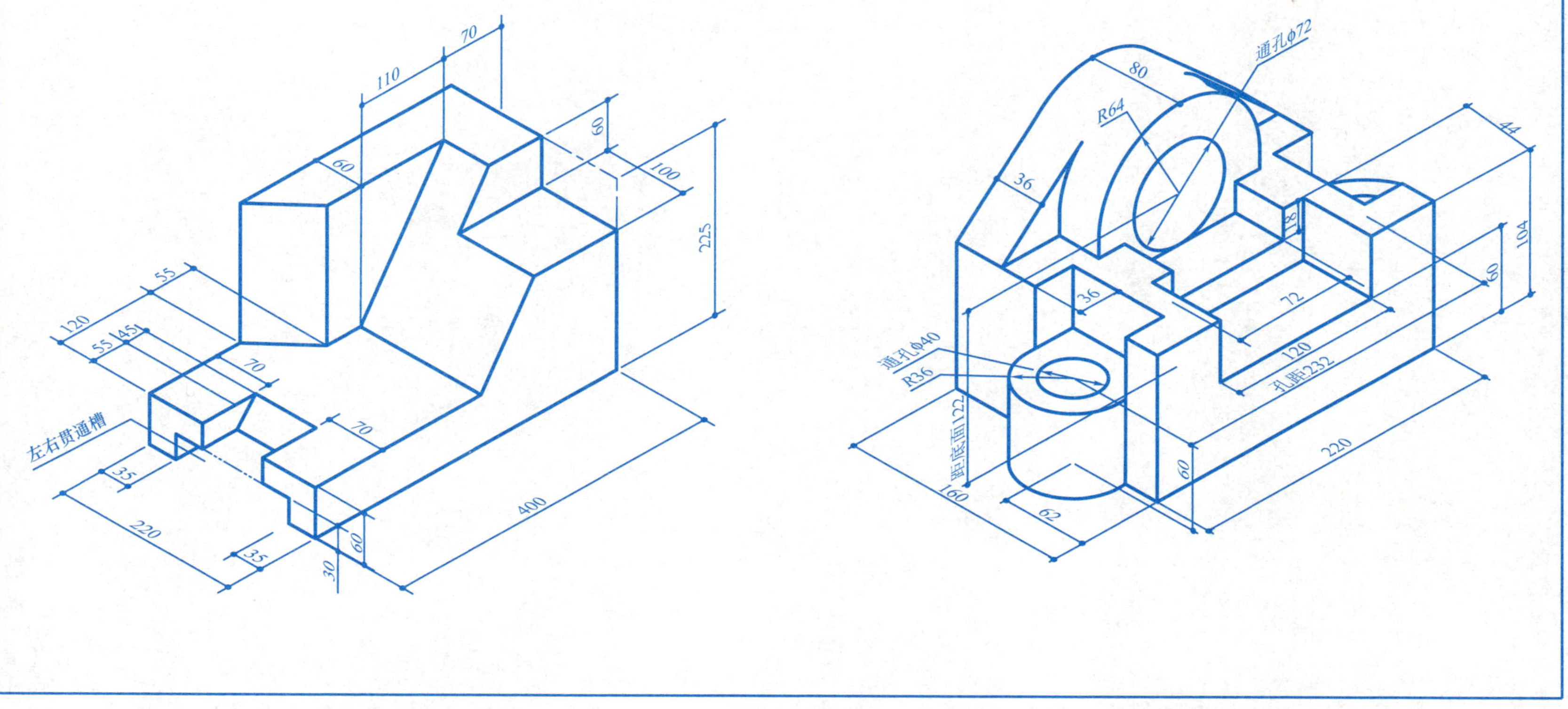

班级：　　　　　　姓名：　　　　　　学号：

4－8　画组合体的轴测图

1. 根据投影图，画正等轴测图。

(1)

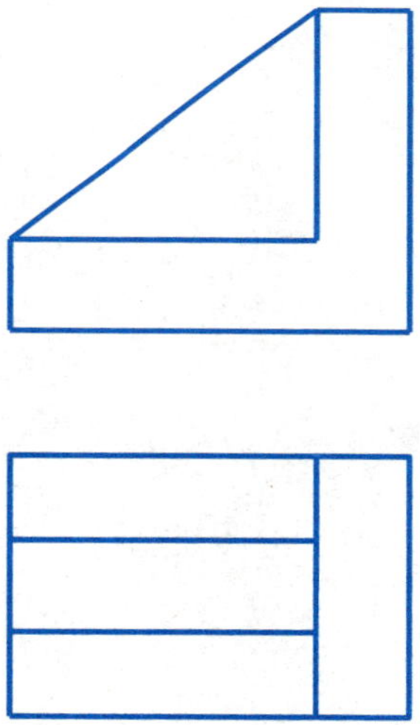

(2)

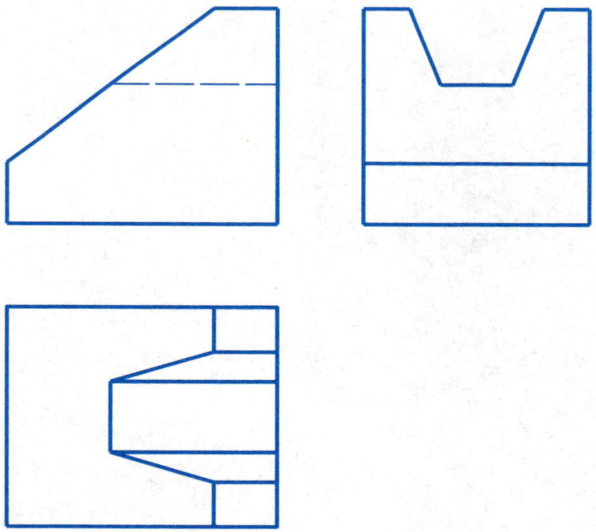

班级：　　　　　　　　姓名：　　　　　　　　学号：

4-8 画组合体的轴测图（续）

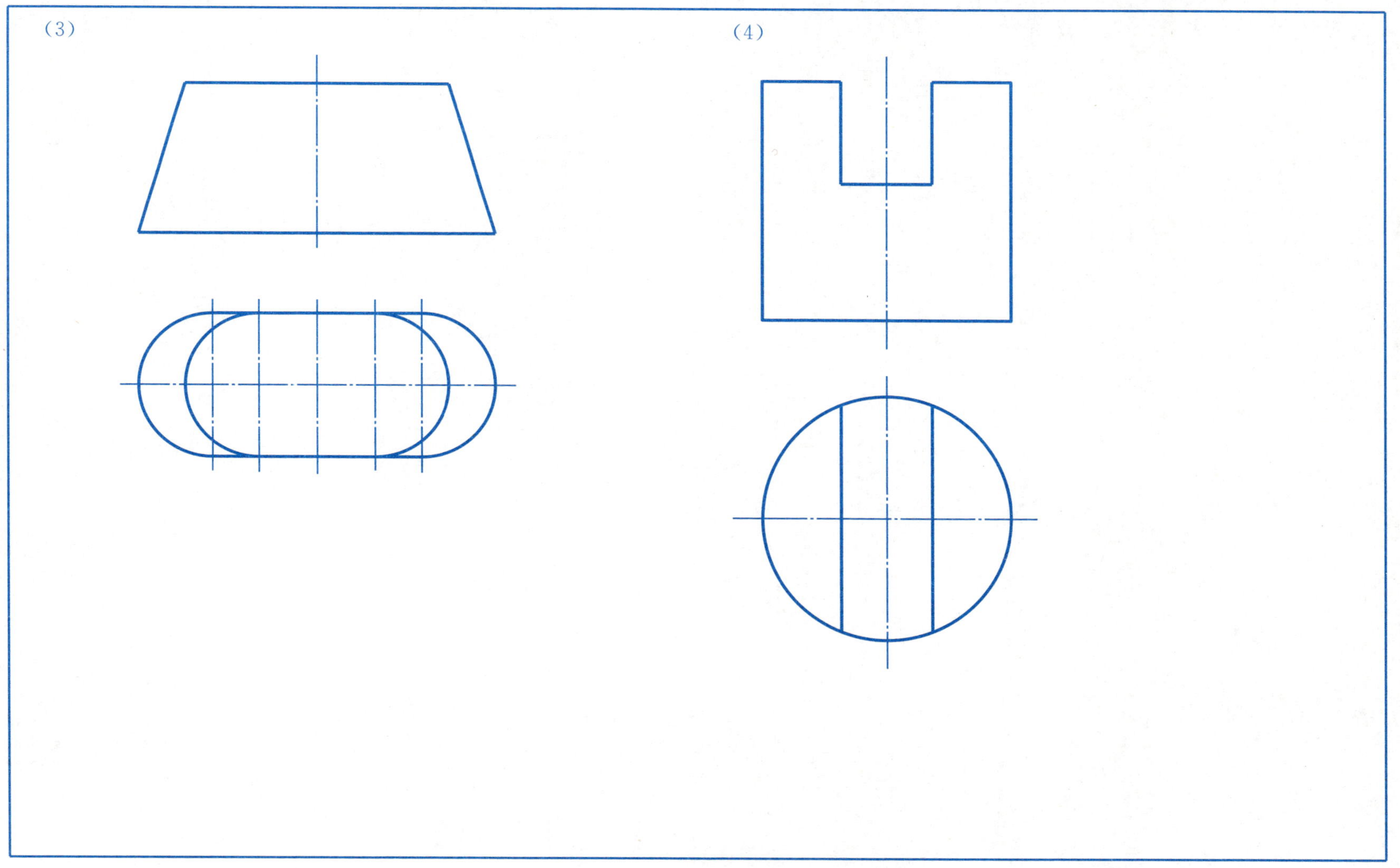

班级： 姓名： 学号：

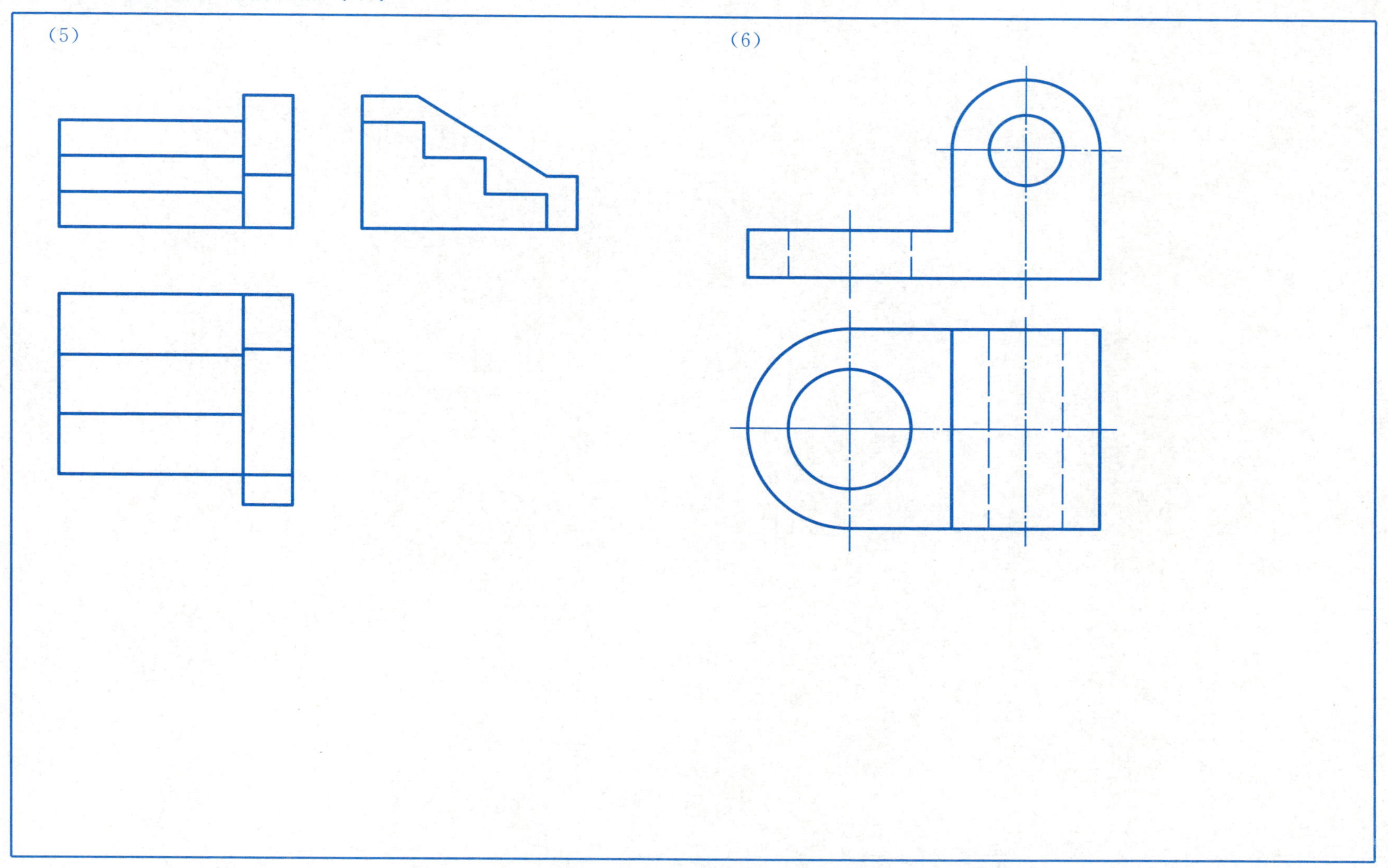

班级：　　　　　　　　　　　　姓名：　　　　　　　　　　　　学号：

2. 根据投影图，画正面斜二轴测图。

（1）

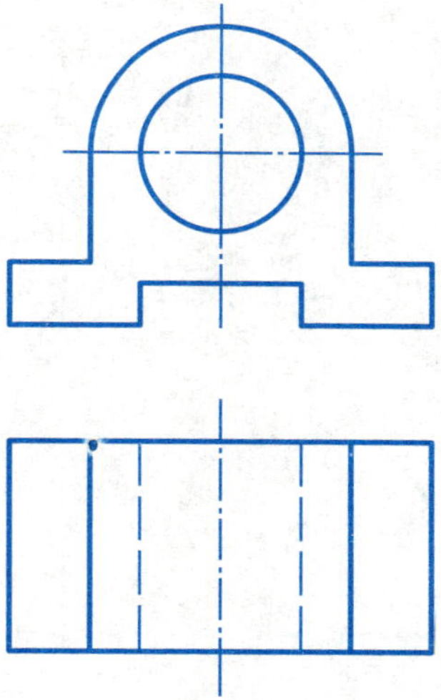

（2）

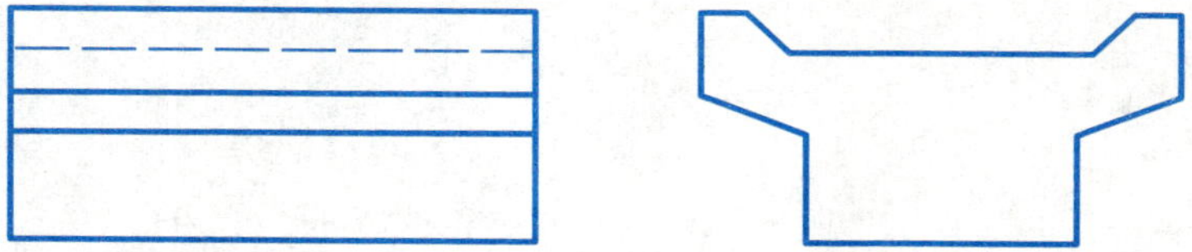

班级： 姓名： 学号：

班级：　　　　　　　　　　姓名：　　　　　　　　　　学号：

3. 根据投影图，画水平斜等轴测图。

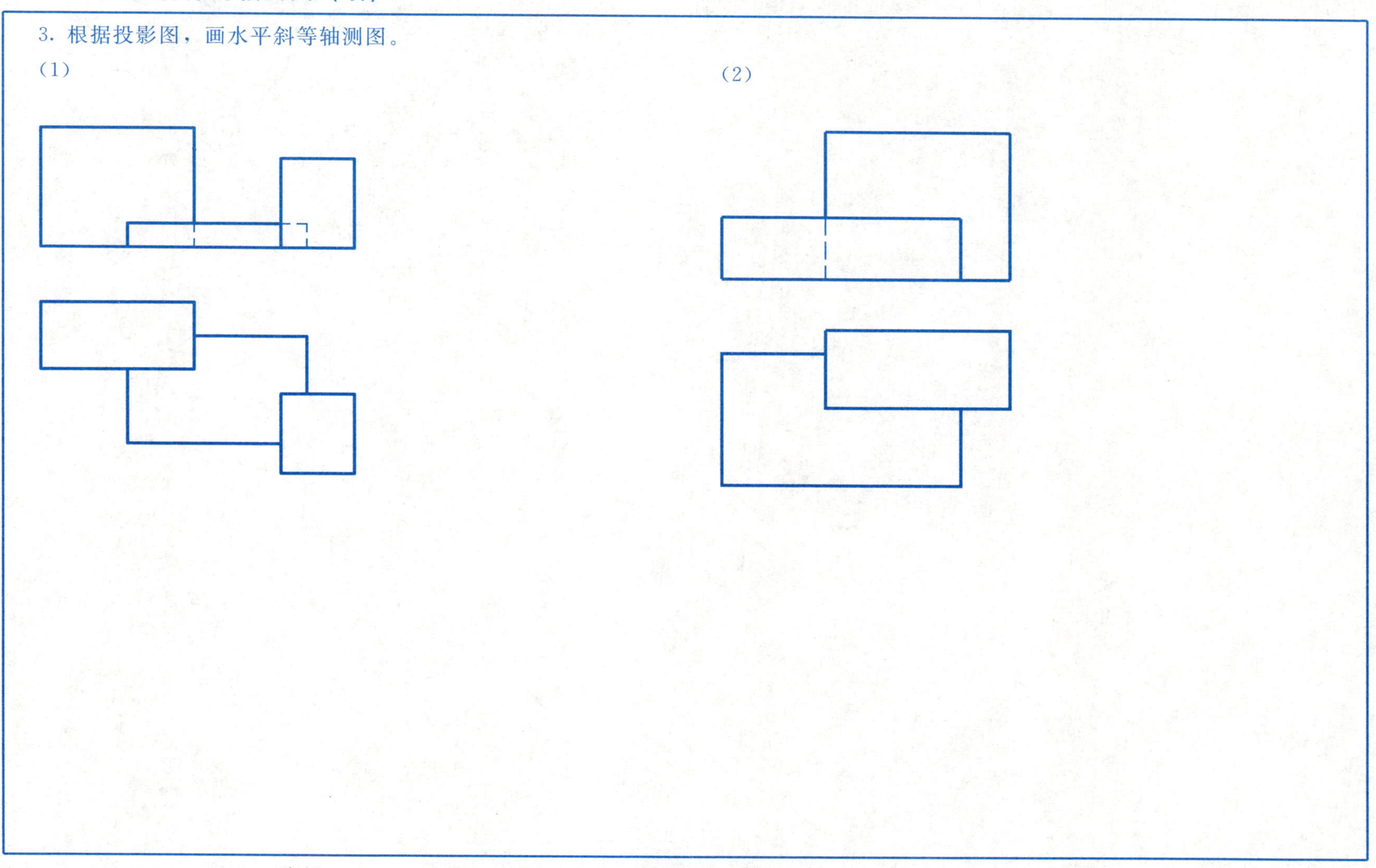

班级：　　　　姓名：　　　　学号：

5－1　六面投影图

1. 补画形体的另外三个投影图。

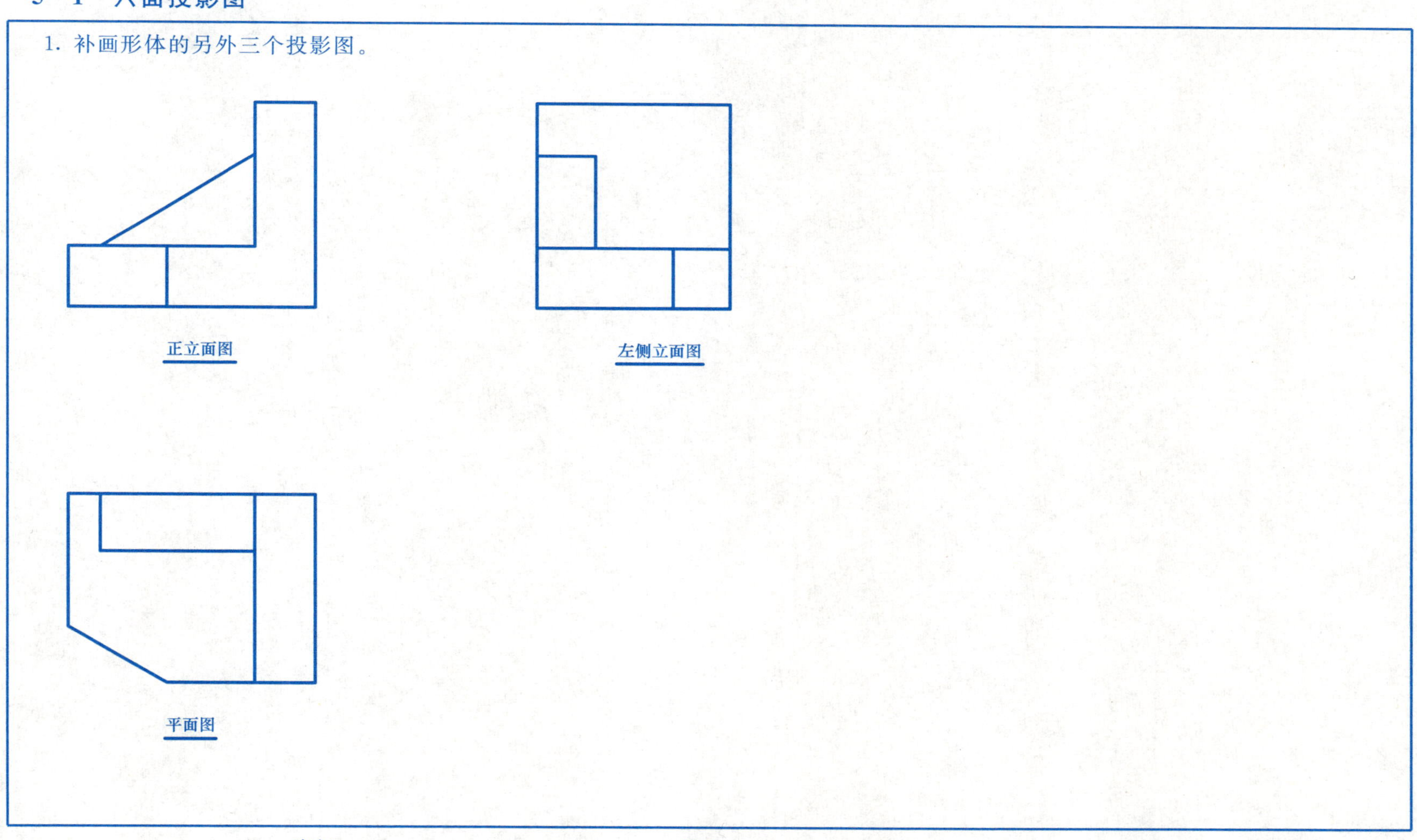

班级：　　　　　　姓名：　　　　　　学号：

2. 根据给出的正立面图、平面图和左侧立面图，补画出右侧立面图。

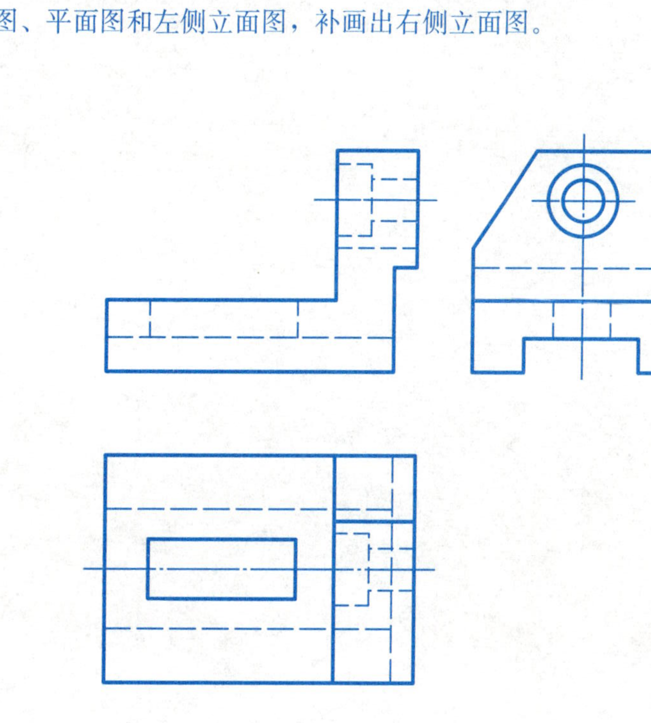

3. 根据给出的正立面图、平面图，补画出左侧立面图和右侧立面图。

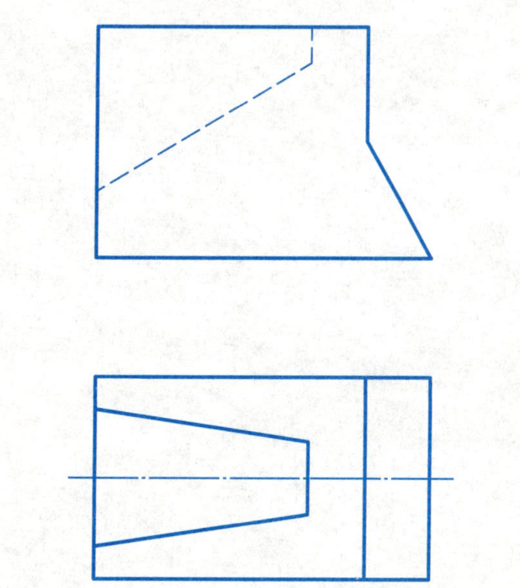

班级：　　姓名：　　学号：

5-2 剖面图

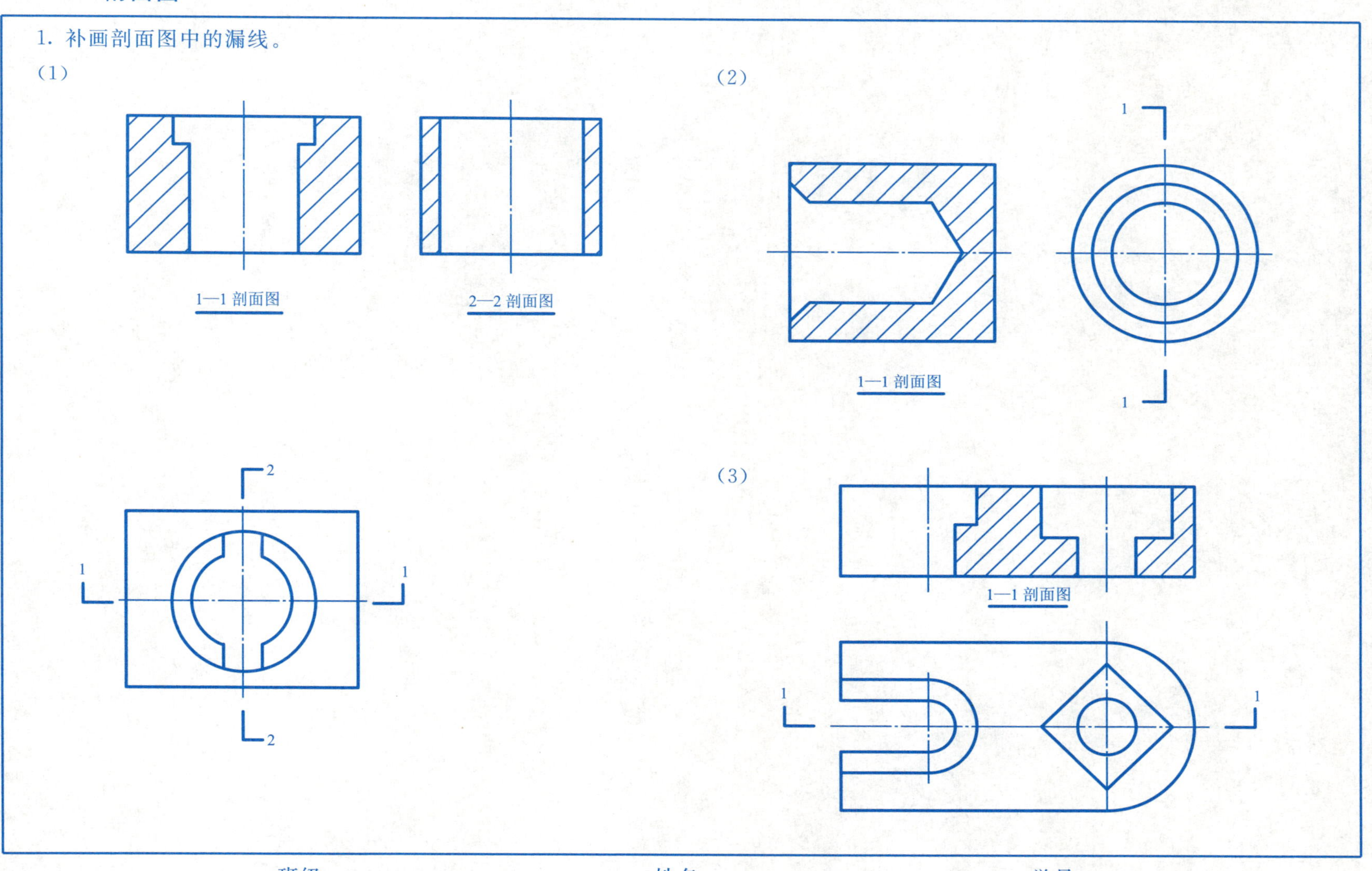

班级： 姓名： 学号：

2. 在指定位置将正面图改画成全剖面图。

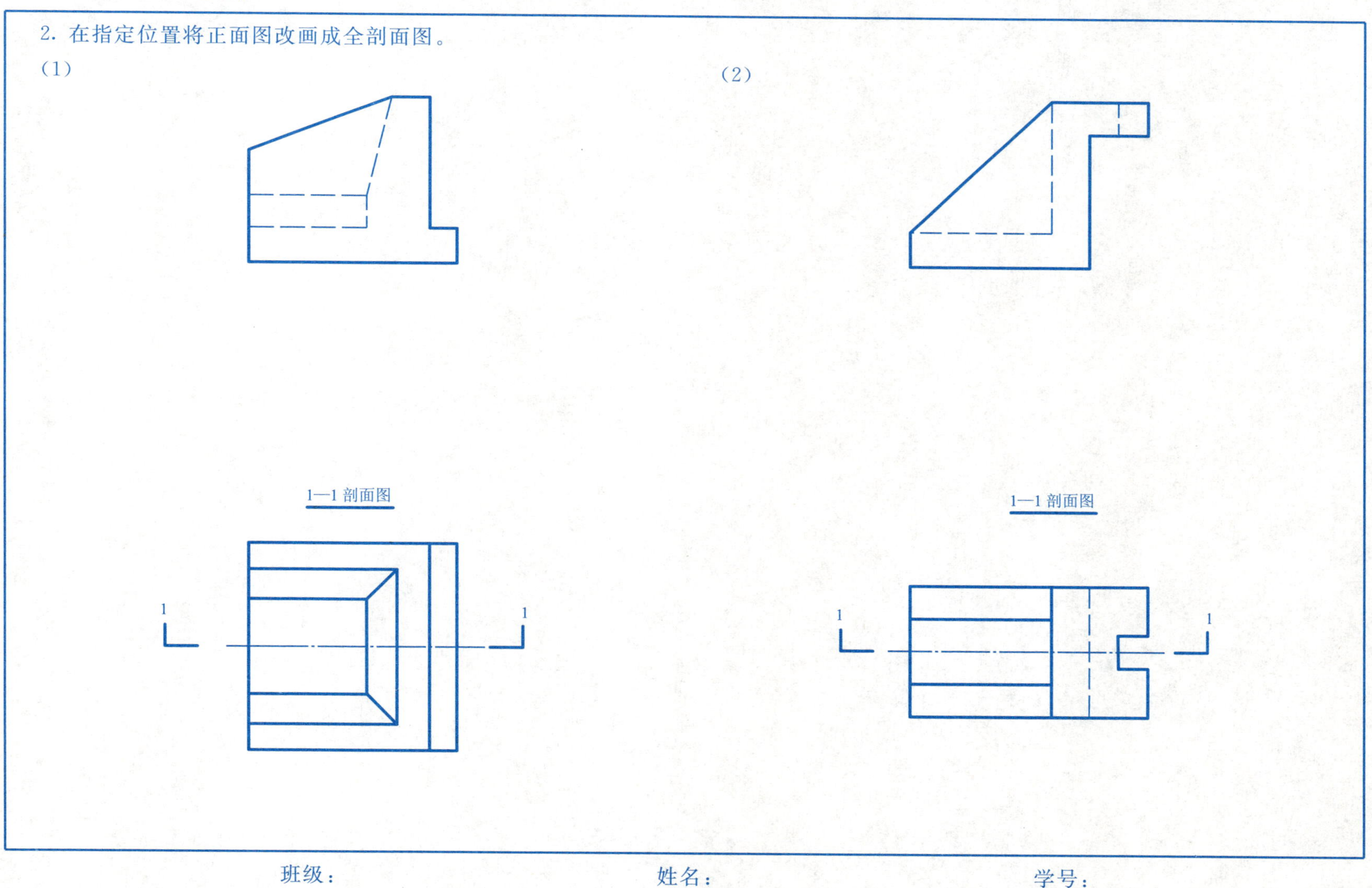

班级：　　　　姓名：　　　　学号：

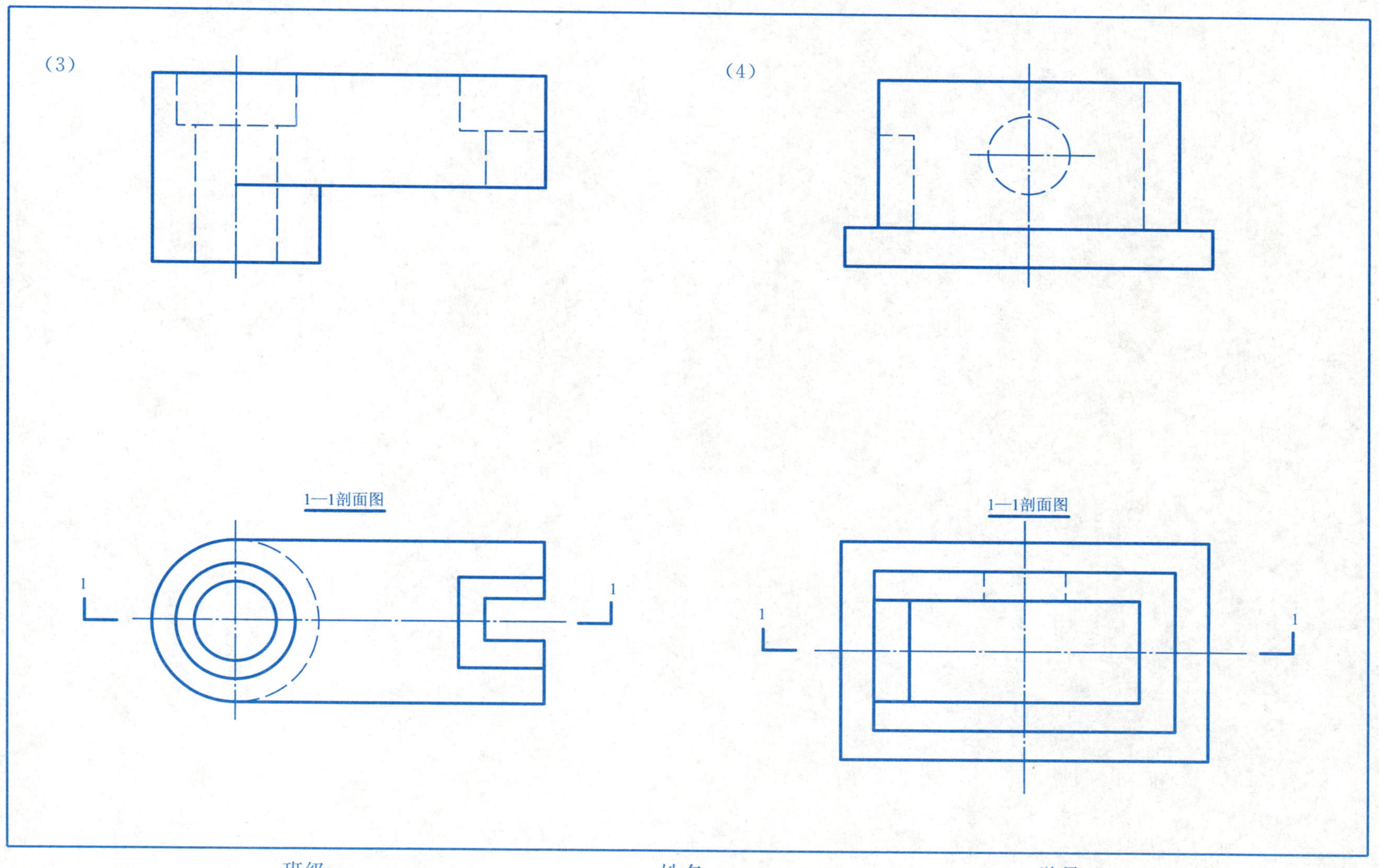

班级：　　　　姓名：　　　　学号：

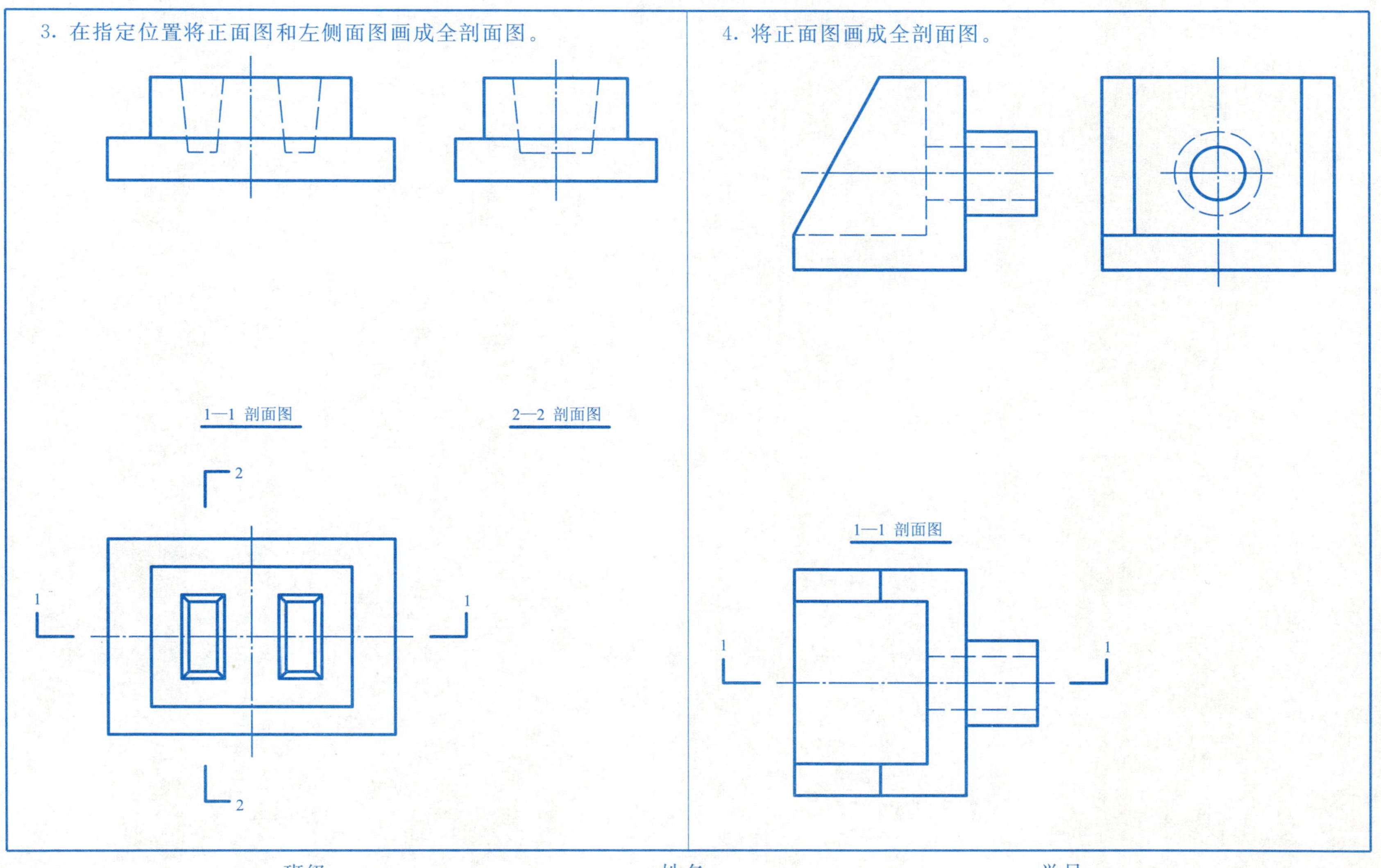
3. 在指定位置将正面图和左侧面图画成全剖面图。
1—1 剖面图
2—2 剖面图
2
1
1
2
4. 将正面图画成全剖面图。
1—1 剖面图
1
1

班级：　　　　姓名：　　　　学号：

5－2　剖面图（续）

5. 在指定位置，将正面图画成半剖面图、左侧面图画成全剖面图。

6. 在指定位置，将正面图和左侧面图画成半剖面图。

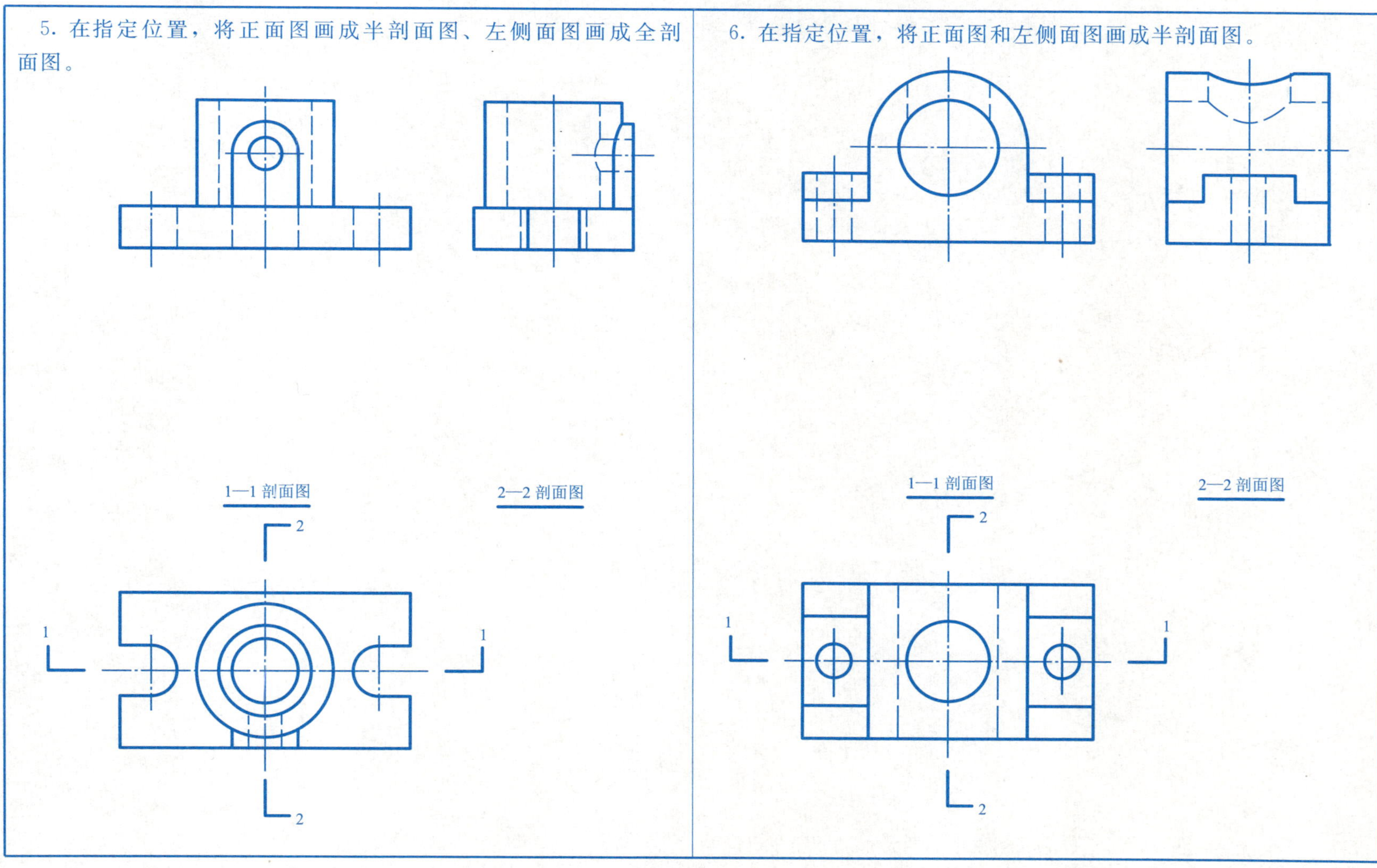

班级：　　　　　　　　　　　　姓名：　　　　　　　　　　　　学号：

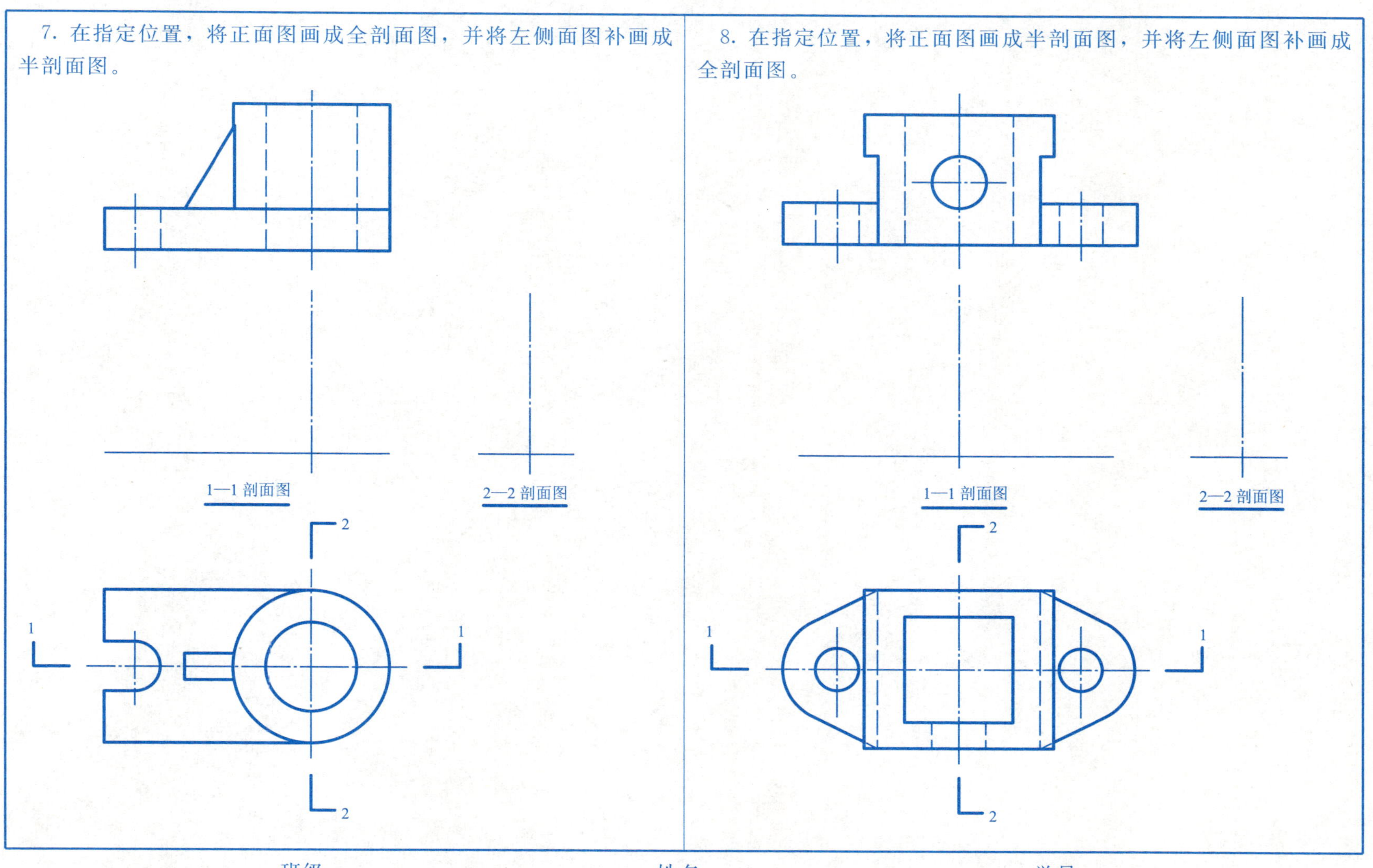
7. 在指定位置，将正面图画成全剖面图，并将左侧面图补画成半剖面图。
1—1 剖面图
2—2 剖面图
2
2
1
1
8. 在指定位置，将正面图画成半剖面图，并将左侧面图补画成全剖面图。
1—1 剖面图
2—2 剖面图
2
2
1
1

班级： 姓名： 学号：

9. 在指定位置将正面图画成阶梯剖面图。

10. 选择合适的剖切方法，并按规定标注。

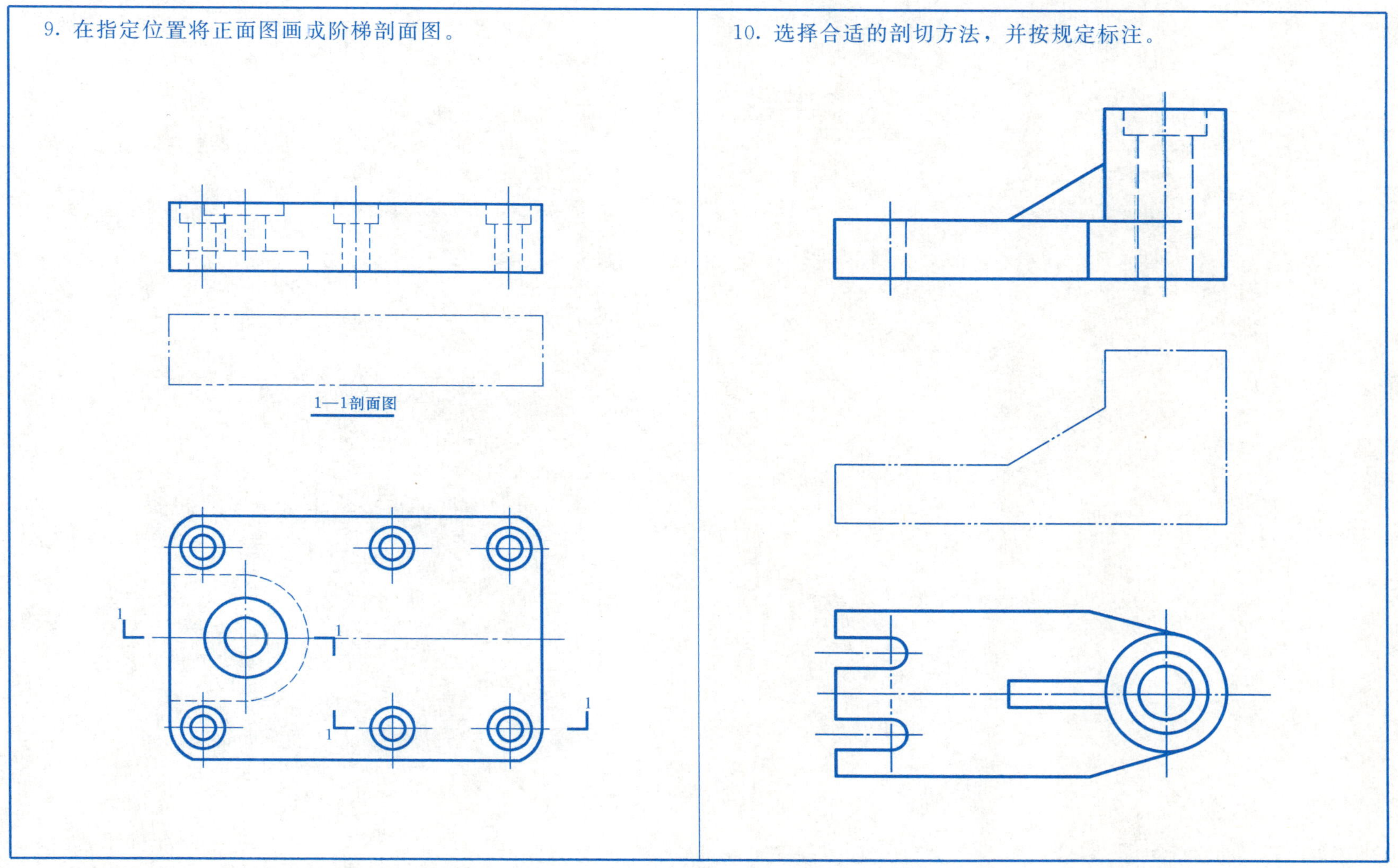

班级：　　　　姓名：　　　　学号：

11. 在指定位置作旋转剖面图，并按规定标注。

12. 将正面图和侧面图画成剖面图，剖切方法自定，并按规定标注。

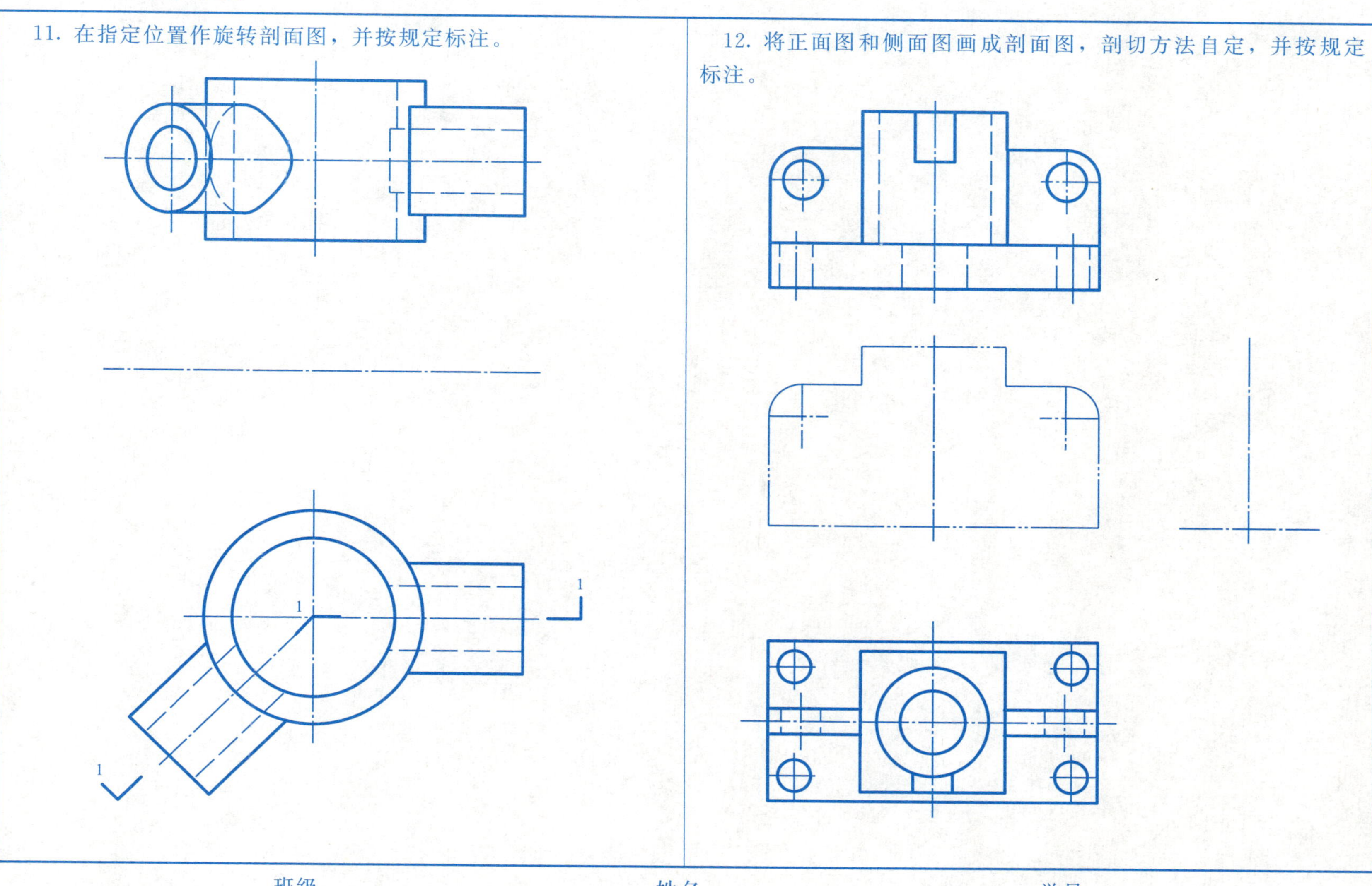

班级：　　　　姓名：　　　　学号：

13. 将正面图和侧面图画成剖面图，剖切方法自定，并按规定标注。

(1)

(2)

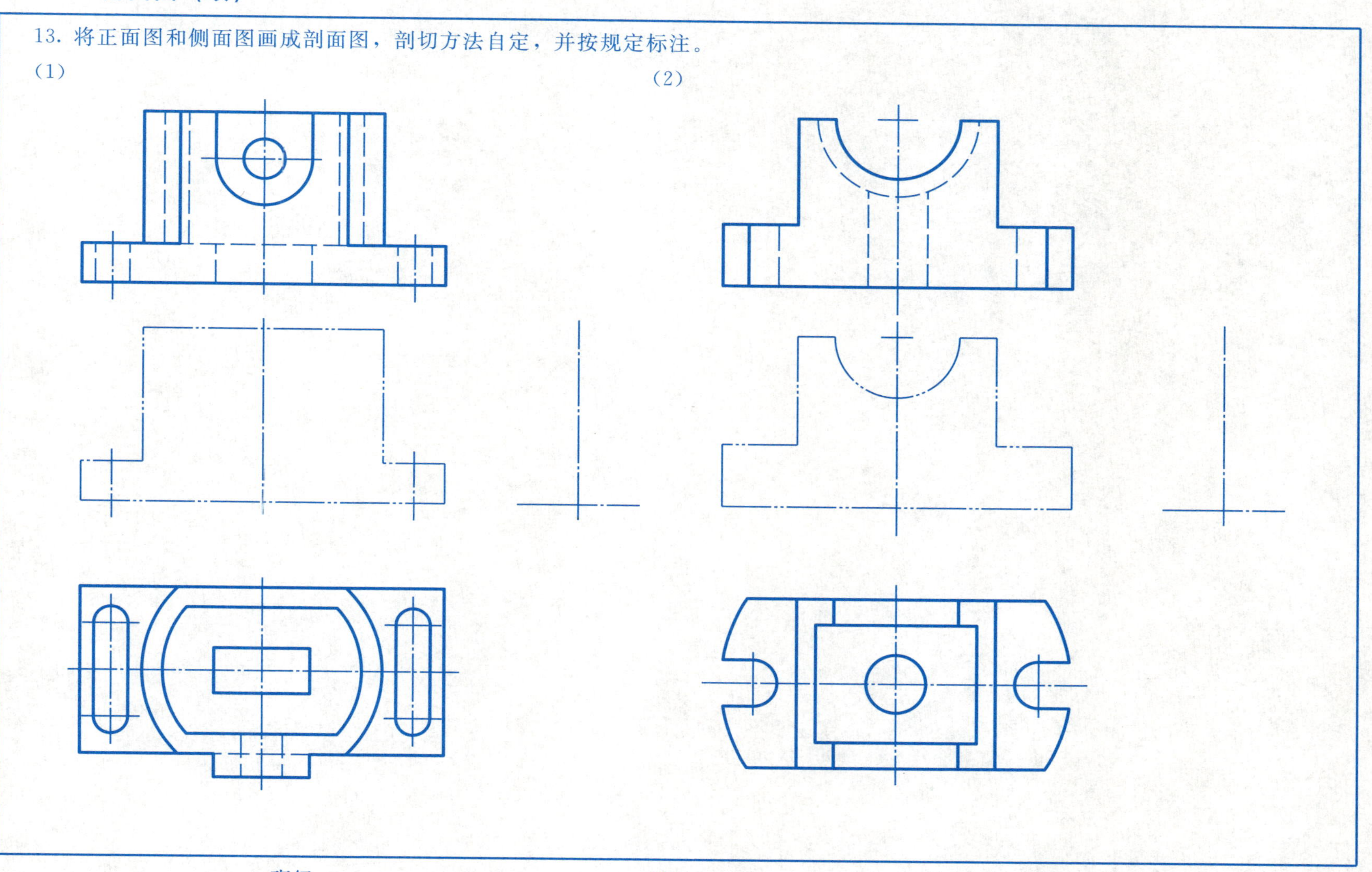

班级：　　　　姓名：　　　　学号：

5－3　作指定位置的断面图

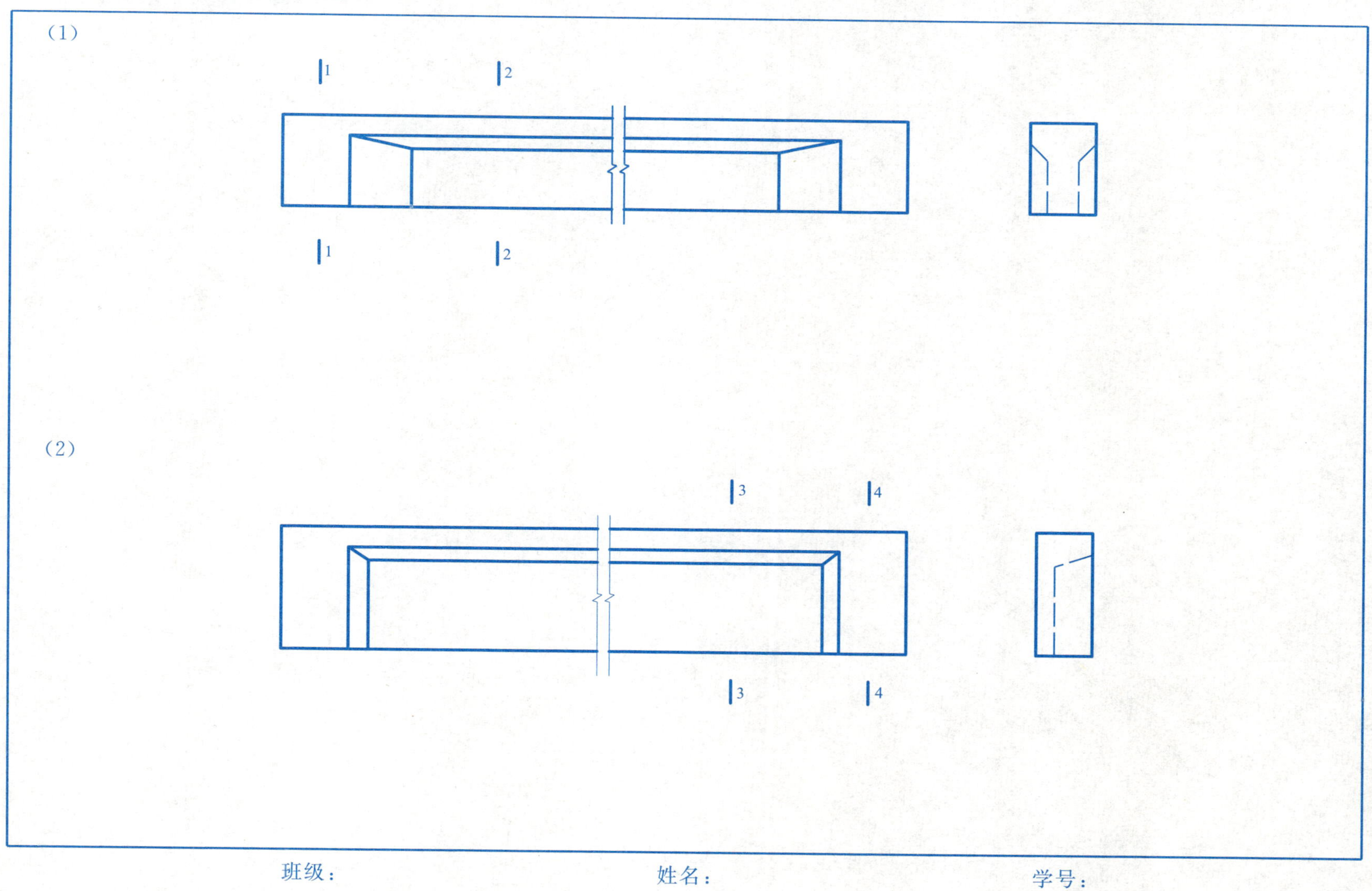

班级：　　　　　　　　　　姓名：　　　　　　　　　　学号：

5-4 表达方法综合应用

根据给出的两面投影图，选择适当比例、图幅和剖切方法，画出三面投影图，并标注尺寸（材料图例自定）。在图纸的右下方画出组合体剖去约四分之一后的正等轴测图。

（1）

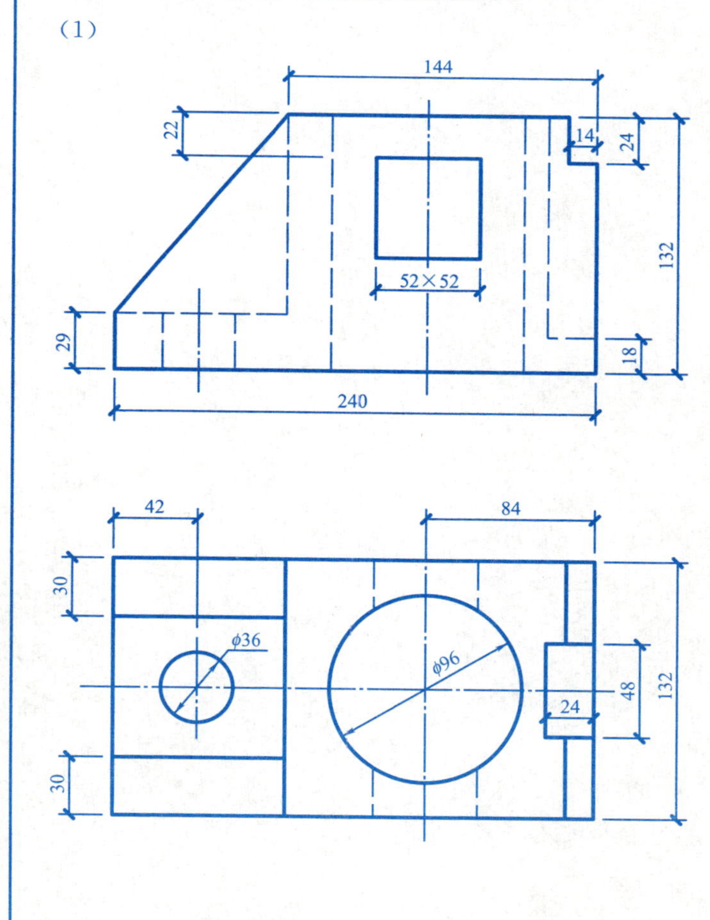

班级：　　　　　　姓名：　　　　　　学号：

（2）

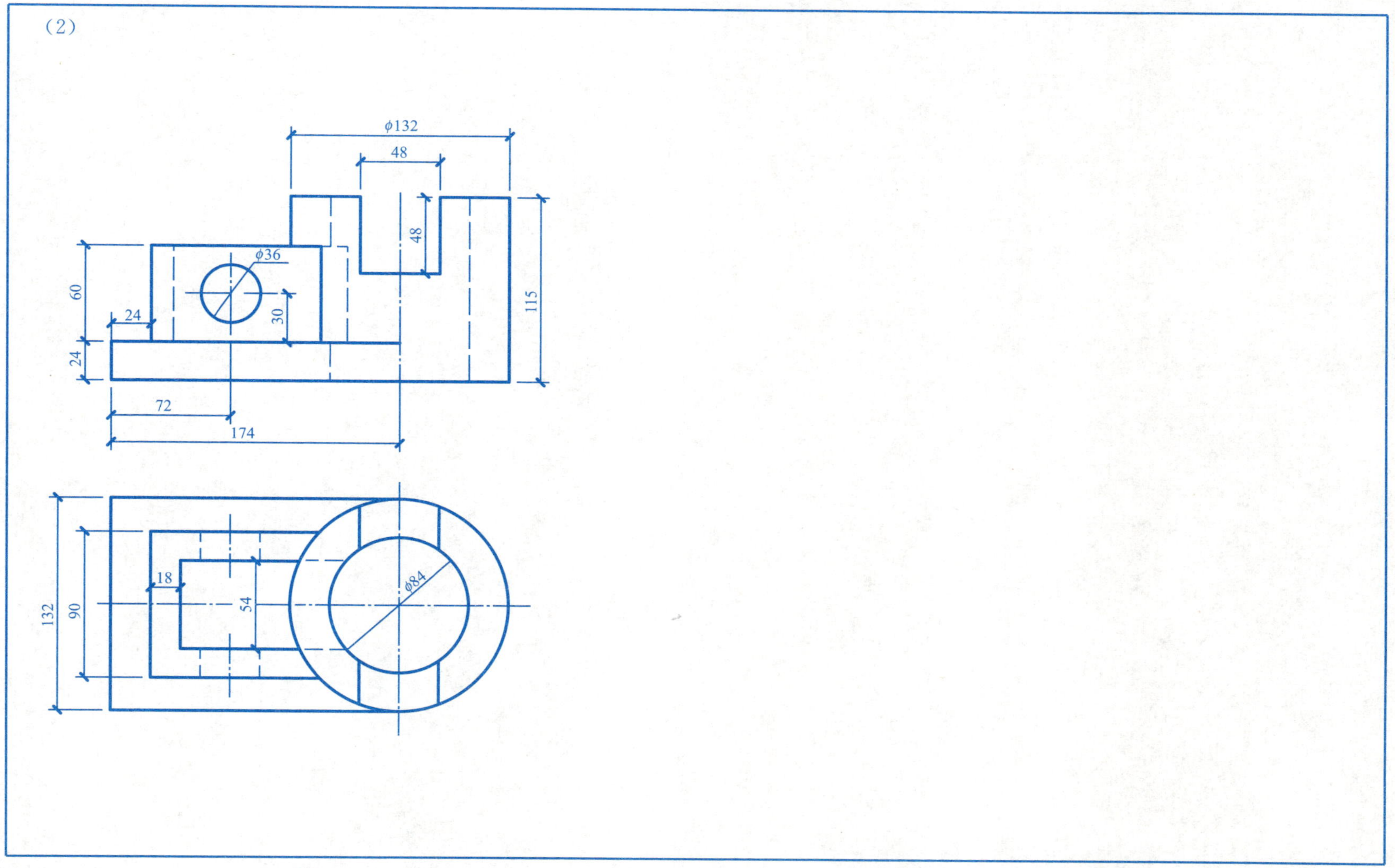

班级：　　　　姓名：　　　　学号：

识读梁的钢筋布置图，并在钢筋表中填写各种钢筋的编号、直径和根数，画出钢筋简图。

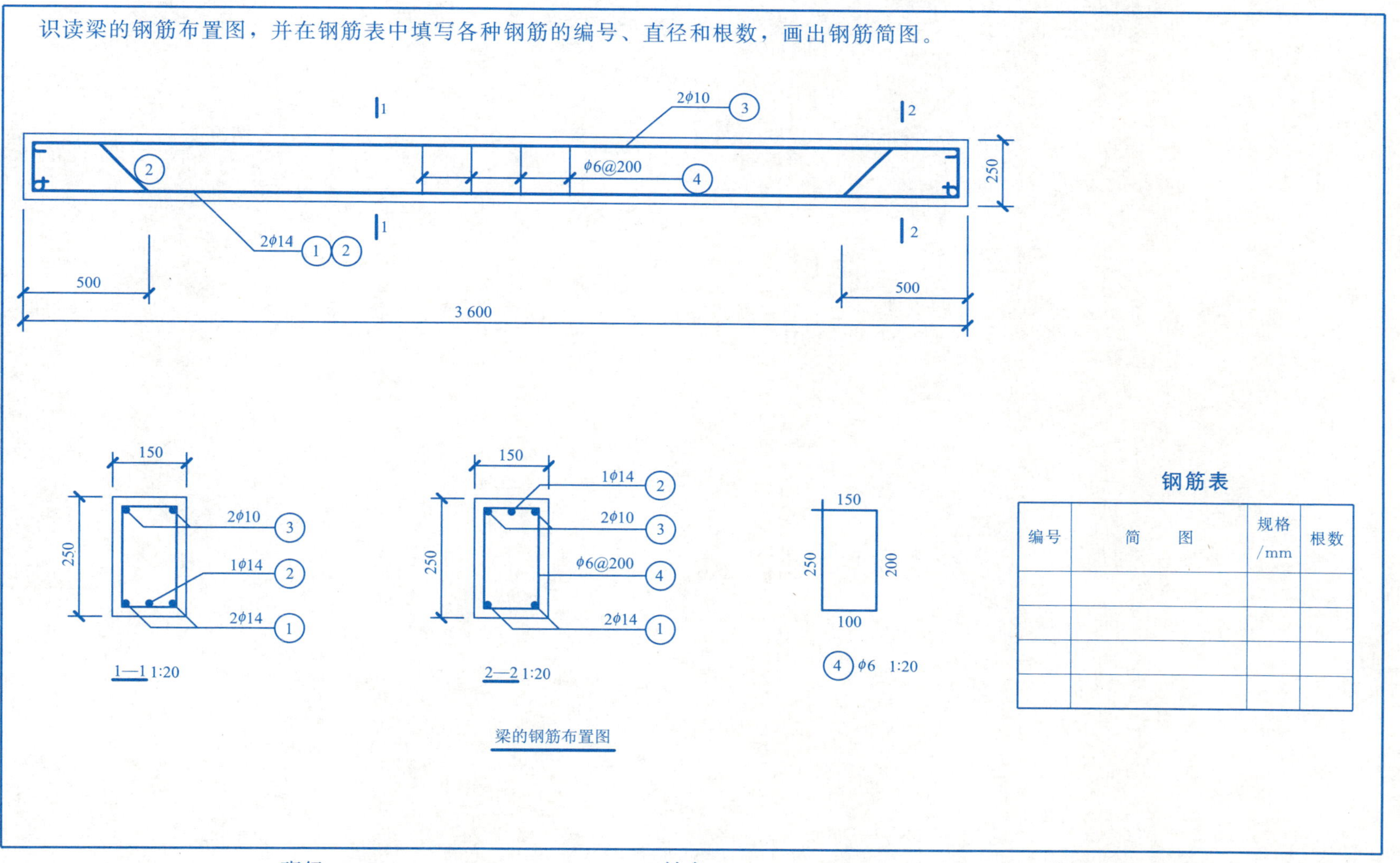

梁的钢筋布置图

钢筋表

编号	简　　图	规格/mm	根数

班级：　　　　　　　　　　姓名：　　　　　　　　　　学号：

1. 在 A3 图纸上绘制圆端形桥墩，并标注尺寸（比例自定）。墩帽部分详细尺寸见教材图 7—5 墩帽构造图。

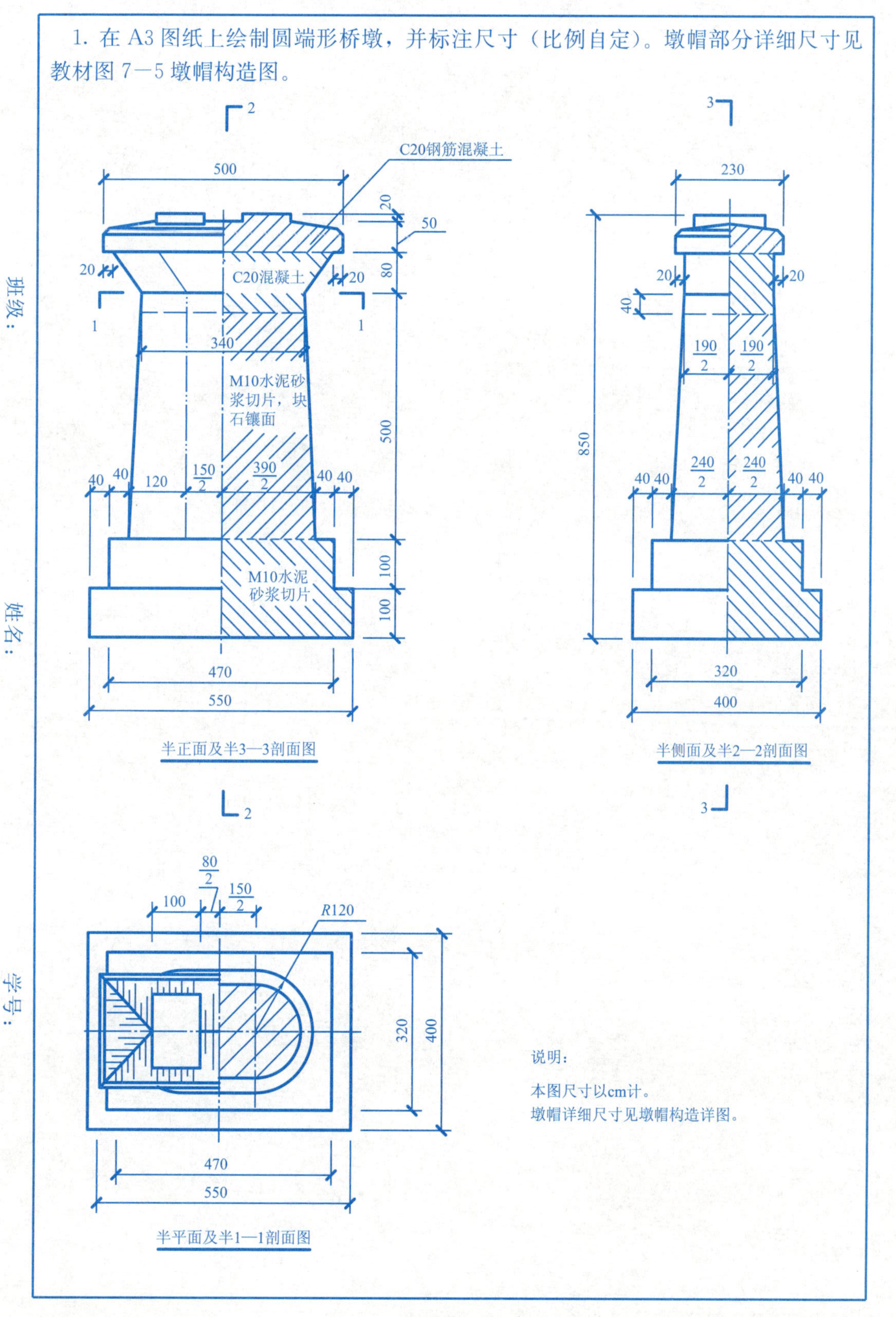

说明：

本图尺寸以cm计。

墩帽详细尺寸见墩帽构造详图。

班级：　　　　姓名：　　　　学号：

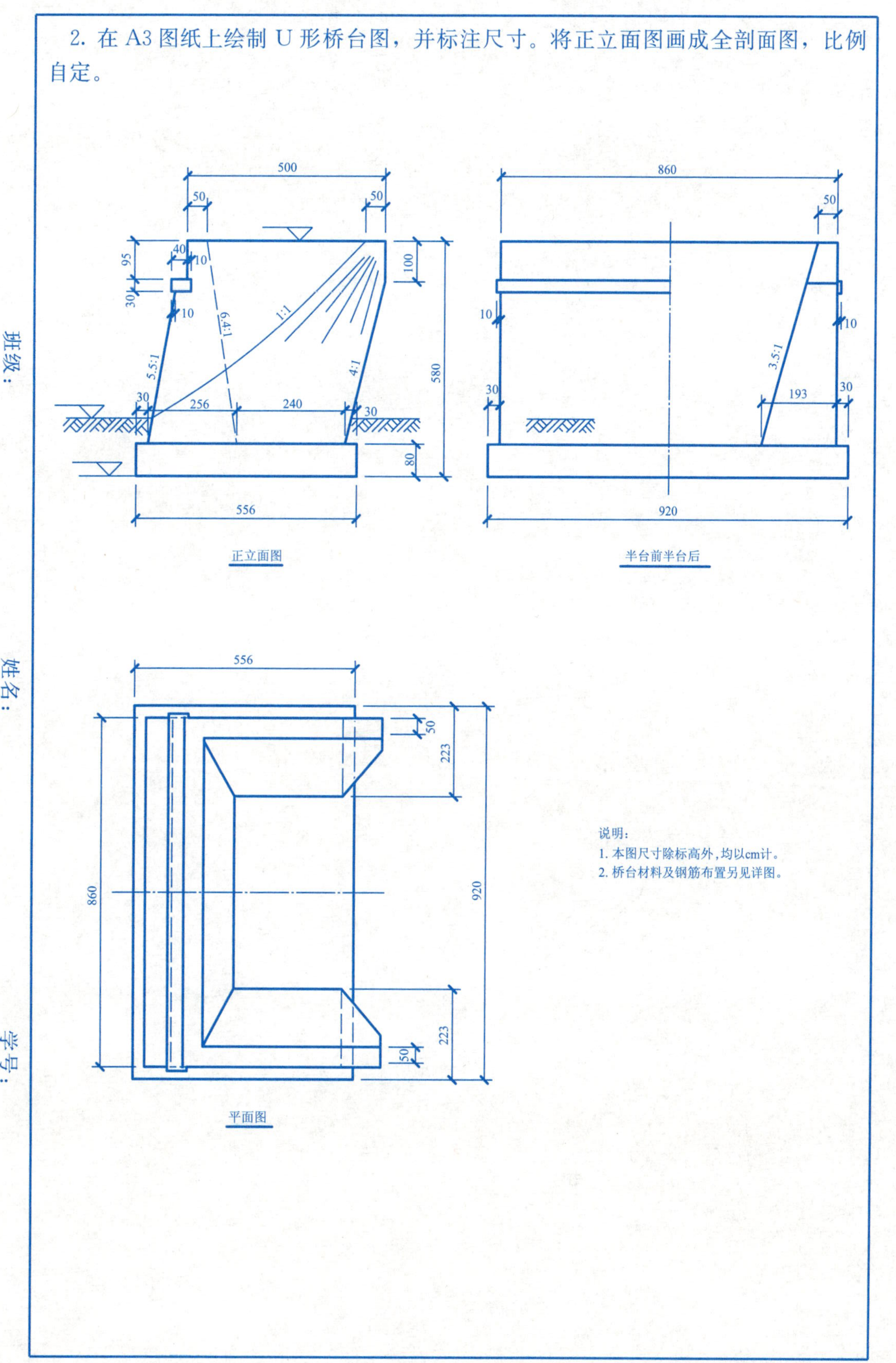
2. 在 A3 图纸上绘制 U 形桥台图，并标注尺寸。将正立面图画成全剖面图，比例自定。
正立面图
半台前半台后
平面图
说明：
1. 本图尺寸除标高外，均以cm计。
2. 桥台材料及钢筋布置另见详图。
500
50
100
580
556
256
240
5.5:1
6.4:1
1:1
4:1
860
920
193
3.5:1
223

班级：　　　　姓名：　　　　学号：

3. 识读钢桁梁节点图（见教材图 7-26）。

（1）说明下列杆件的名称、尺寸、截面形状及数量。

E_2-E_0：

A_1-A_3：

E_2-A_2：

E_2-A_1：

B_6：

B_9：

P_5：

D_4：

（2）说明图中符号的含义。

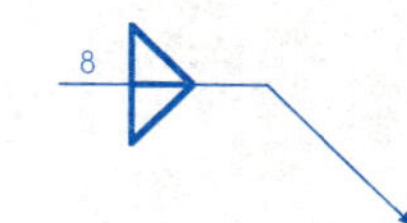

班级：　　　　姓名：　　　　学号：

第八章　涵洞工程图

1. 识读涵洞工程图（见教材图 8-4）。

（1）该涵洞为________涵洞，洞身节的长度为________，全长为________，孔的净高为________。

（2）画出带挡墙洞身节的三面投影图和轴测图，投影图标注尺寸，表达方法自定。

班级：　　　　姓名：　　　　学号：

2. 读懂全图。绘制盖板涵布置图，将平面图改画成半平面半基顶剖面图。比例图幅自定。

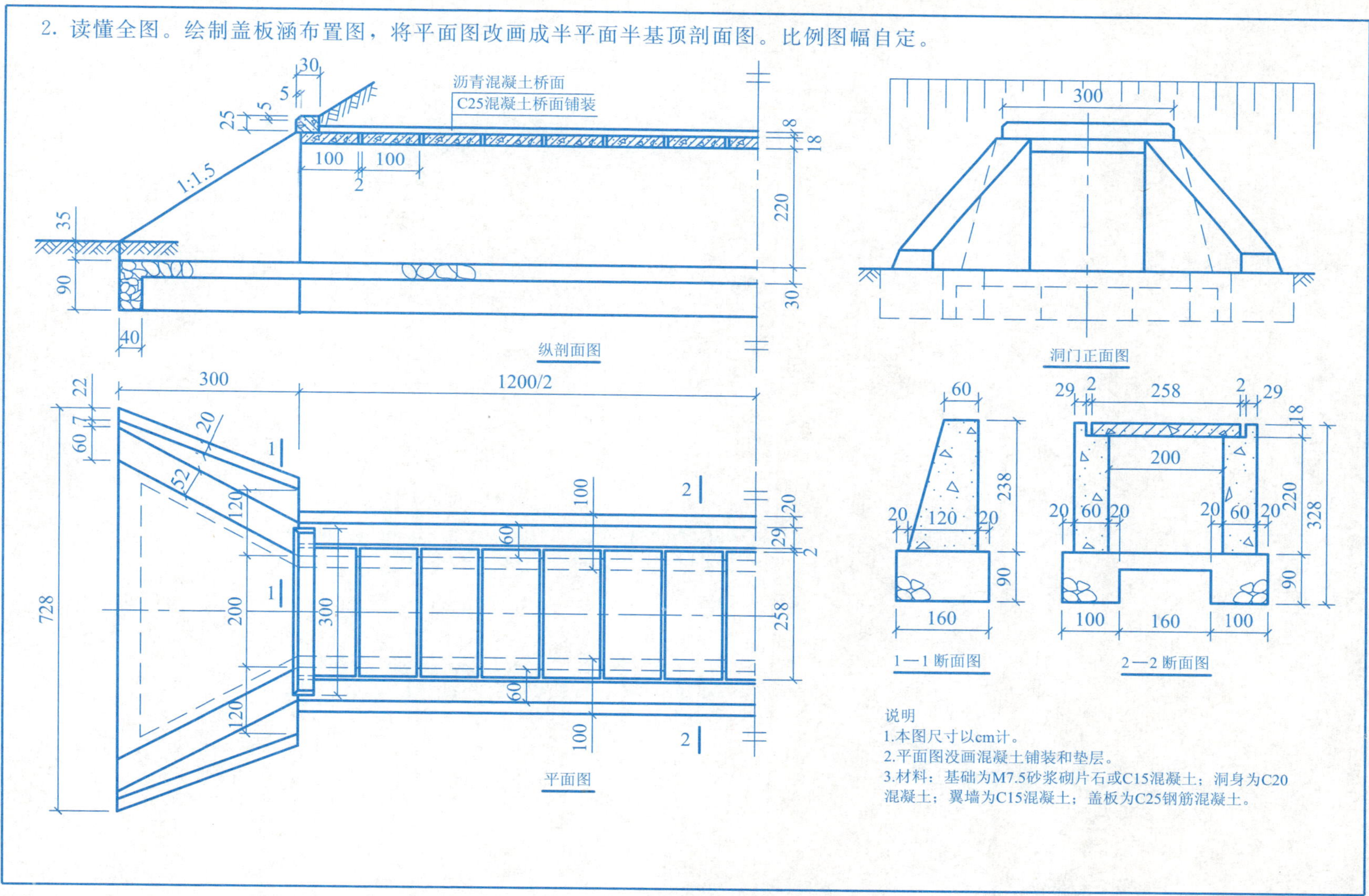

说明
1.本图尺寸以cm计。
2.平面图没画混凝土铺装和垫层。
3.材料：基础为M7.5砂浆砌片石或C15混凝土；洞身为C20混凝土；翼墙为C15混凝土；盖板为C25钢筋混凝土。

班级：　　　　姓名：　　　　学号：

第九章　隧道工程图

识读隧道工程图（见教材图 9－3）。

（1）端墙长为________，厚度为________，坡度为________。端墙背后排水沟坡度为________，沟底宽为________。

（2）翼墙向路堑两边倾斜的坡度为________，顶水沟沟底宽为________。

（3）绘制教材中图 9－6 所示的衬砌断面图，比例自定。

班级：　　　　　　　　姓名：　　　　　　　　学号：

第十章 机 械 图

10－1 标准件和常用件

1. 找出下列螺纹及其连接画法中的错误，并在指定位置画出正确的视图。

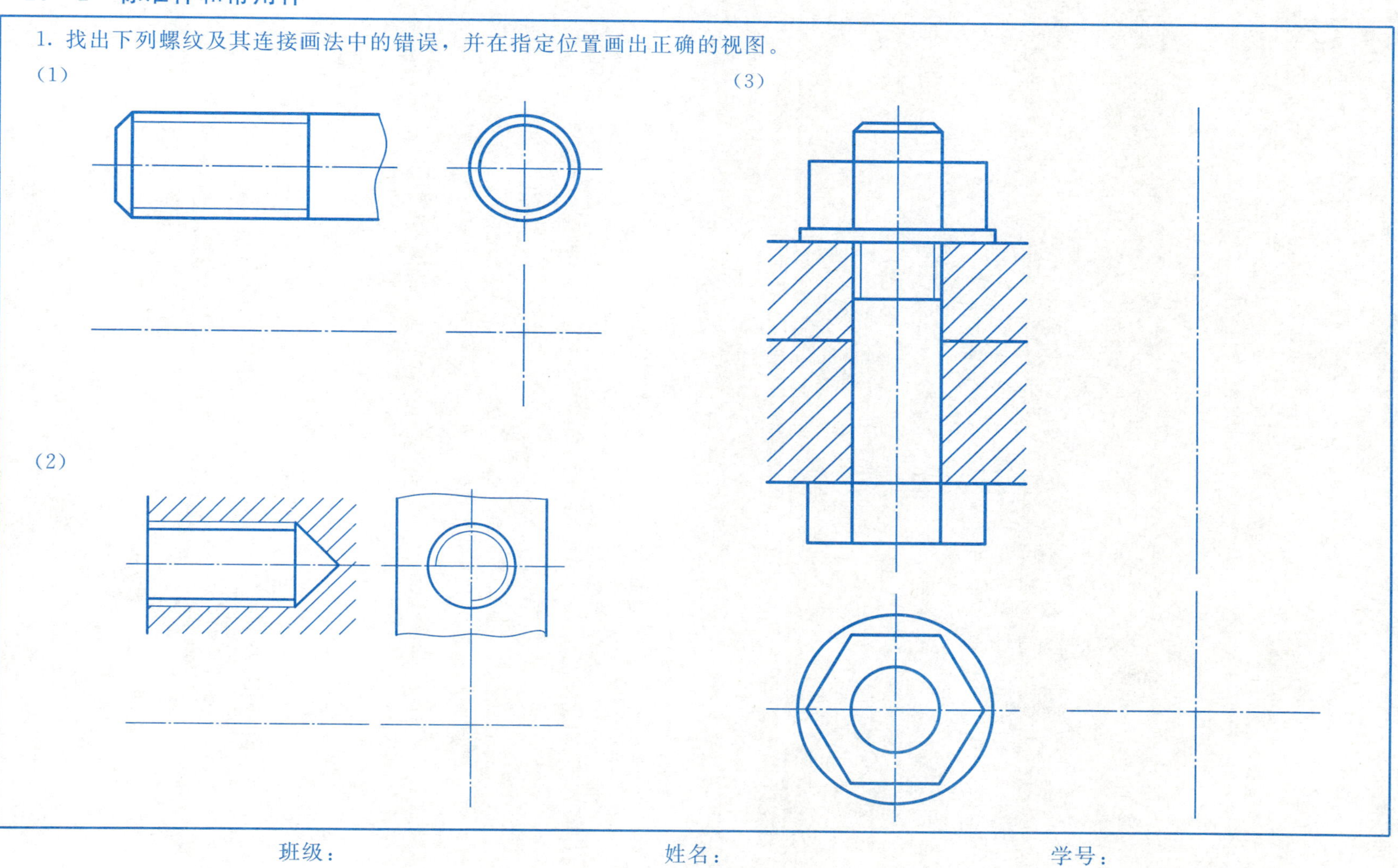

班级：　　　　姓名：　　　　学号：

2. 根据给出的数据，在图上注出螺纹的尺寸。

（1）粗牙普通螺纹，公称直径 $d=20$ mm，螺距为 2.5 mm，右旋。

（2）细牙普通螺纹，公称直径 $D=20$，螺距为 2 mm，左旋，中径顶径公差带代号均为 6H。

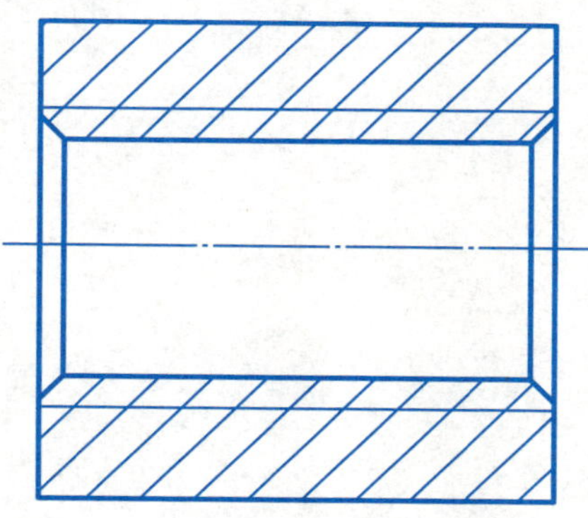

（3）非螺纹密封的管螺纹，尺寸代号为 3/4，精度等级为 A 级。

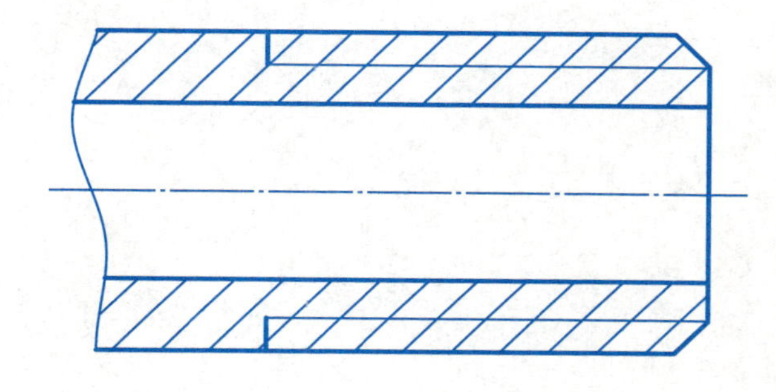

（4）公称直径为 40 mm，导程为 14 mm，螺距为 7 mm 的双线、左旋梯形外螺纹。

班级：　　　　姓名：　　　　学号：

3. 在指定位置将直齿轮主视图改为全剖视图。

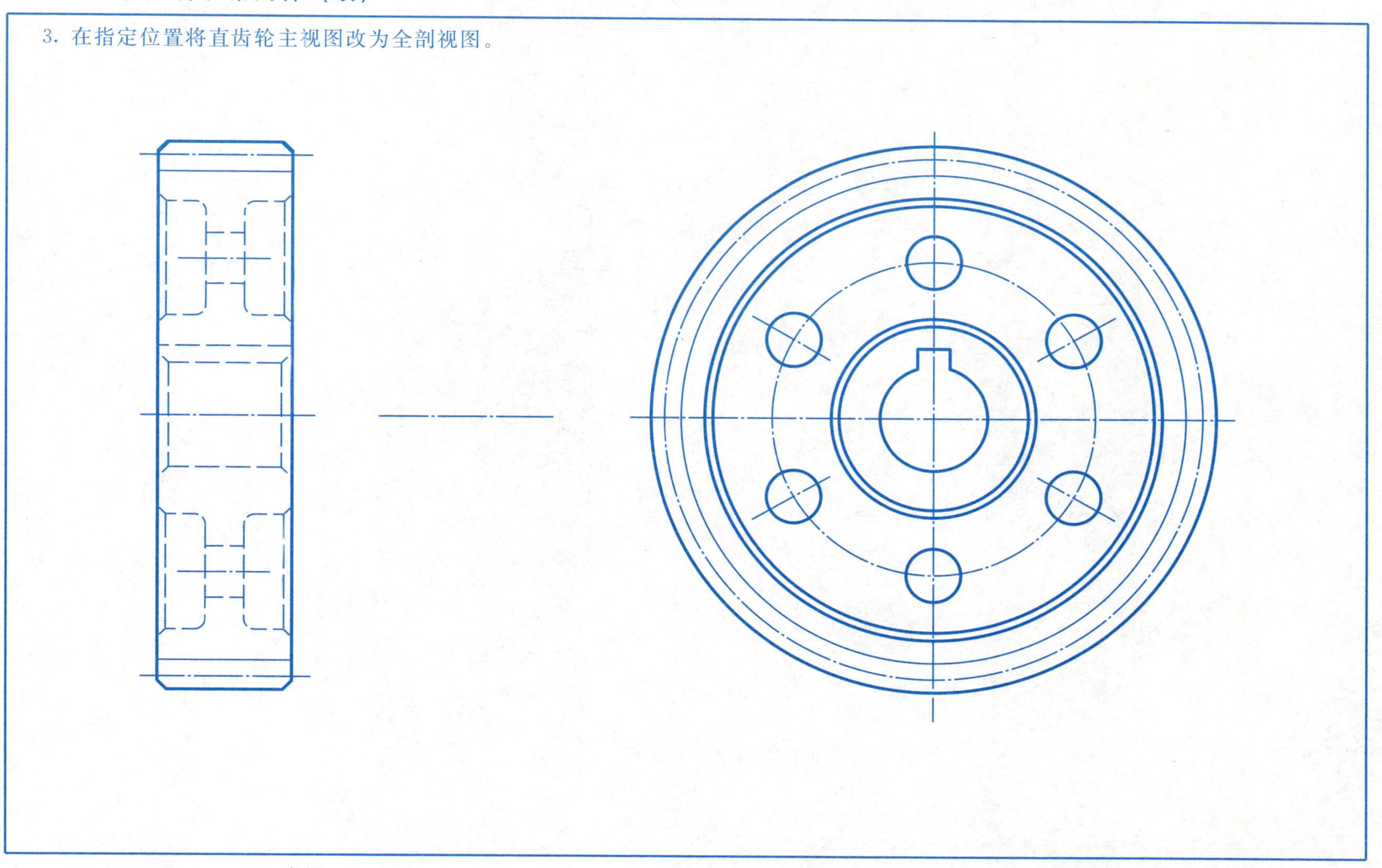

班级： 姓名： 学号：

10-2 零件图

1. 读轴的零件图，并回答下列问题。

（1）分析轴的视图，想象出各段的形状。

（2）主视图下方的视图称为________。主要表达________结构形状。

（3）键槽长________，宽________，长度方向的定位尺寸为________。

（4）C2 表示________结构。

（5）ϕ22f7 的含义是__________________。

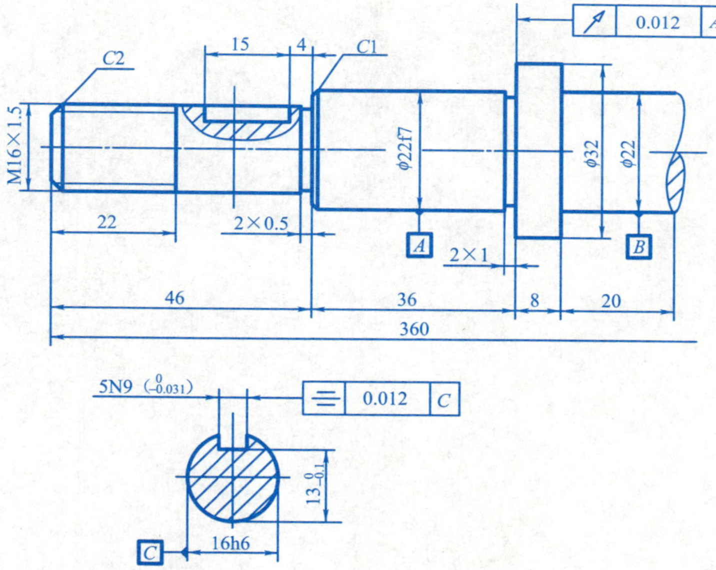

轴		比例	数量	材料	
		1∶1			
制图					
校核					

班级：　　　　姓名：　　　　学号：

2．读轴承盖零件图，并回答问题。

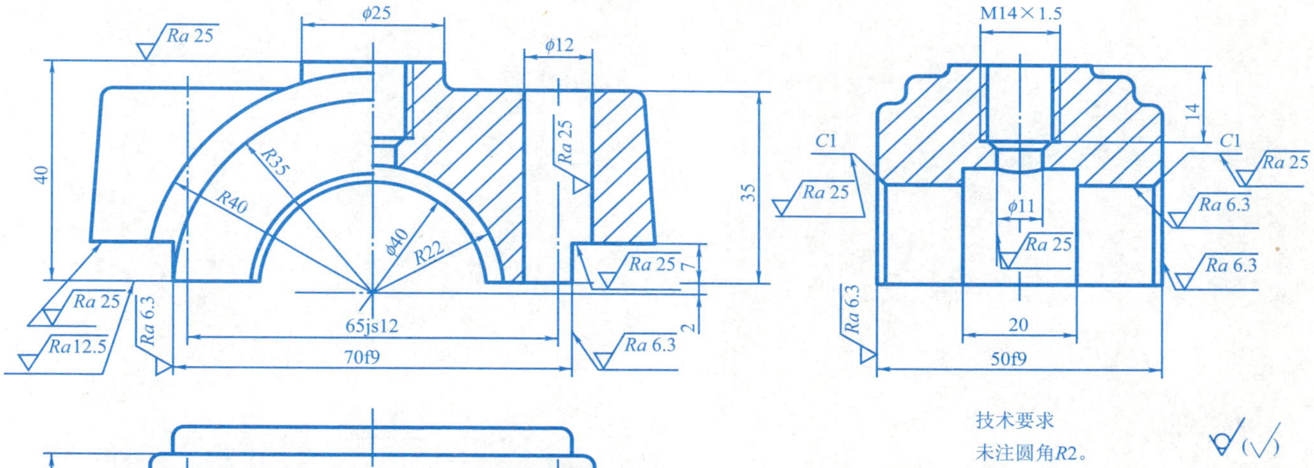

技术要求

未注圆角$R2$。

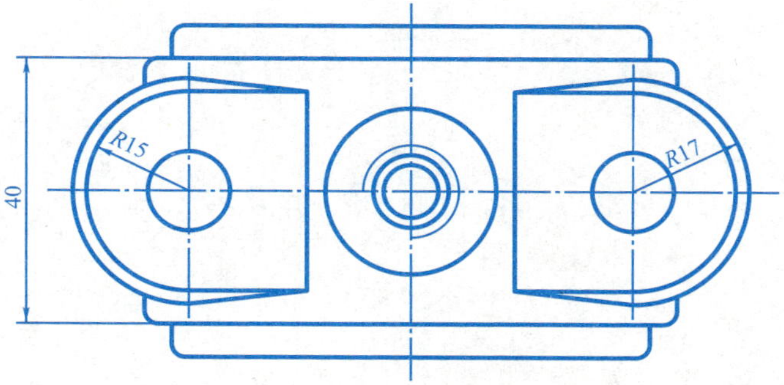

（1）在图上标出该零件长、宽、高三个方向的主要尺寸基准。

（2）M14×1.5 表示________螺纹，螺距为________，大径为________。

（3）65js12 的基本偏差为________，公差等级为________。

（4）ϕ12 孔的表面粗糙度数值为________，其代号含义是________。

班级：　　　　　　　　姓名：　　　　　　　　学号：

10－3 装配图

1. 根据旋阀工作原理，读懂旋阀装配图，回答下列问题。

（1）该部件由________种零件组成，其中标准件有________，分别是________。

（2）件1的名称为________，材料为________；件3的名称为________，材料为________。

（3）该部件的总长、总宽、总高分别为________、________、________。

（4）填料（件4）的材料是________，其作用是________，若要更换填料，拆卸零件的顺序为先拆下________，再拆下____________。

（5）G1/2的含义是________。

（6）由装配图拆画阀杆的零件图，比例自定，尺寸公差及表面粗糙度等省略。

班级：　　　　姓名：　　　　学号：

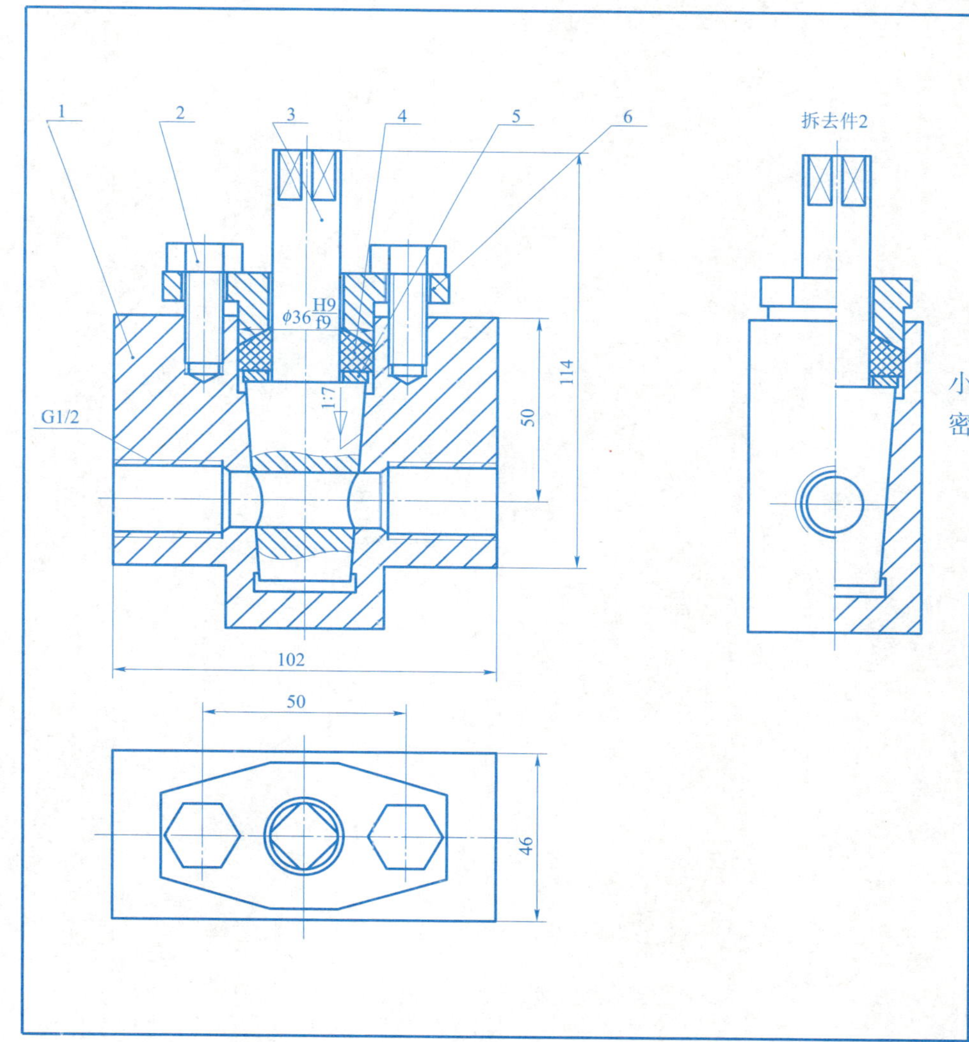

工作原理

旋阀是控制管路中流体流量与管道开启和关闭的部件。

用扳手（图中未画出）转动阀杆，使通路截面逐渐变小，当转到90°时，阀门完全关闭。阀杆3与阀体1之间由密封环4、垫圈5、压盖6及螺栓加以密封，以防泄漏。

序号	名称	数量	材料	备注
6	压盖	1	35	
5	垫圈	1	Q235—A	GB/T 848—2002
4	填料		石棉	
3	阀杆	1	40	
2	螺栓 M10×25	2	Q235—A	GB/T 5781—2000
1	阀体	1	ZG 200—400	

阀		比例	重量	共1张
				第1张
制图	（日期）	（专业、班级）		
校核	（日期）			

班级：　　　　姓名：　　　　学号：

参 考 文 献

[1] 宋兆全．画法几何及工程制图 [M]．北京：中国铁道出版社，2002.
[2] 武晓丽．工程制图 [M]．北京：中国铁道出版社，2007.